After Effects
动态设计

MG动画 + UI动效

[美]克里斯·杰克逊 ◎ 著

隋 奕 ◎ 译

人民邮电出版社

北 京

图书在版编目（CIP）数据

After Effects动态设计：MG动画+UI动效 ／（美）克里斯·杰克逊著；隋奕译. -- 北京：人民邮电出版社，2020.12（2022.12重印）
ISBN 978-7-115-54898-6

Ⅰ．①A… Ⅱ．①克… ②隋… Ⅲ．①图像处理软件 Ⅳ．①TP391.413

中国版本图书馆CIP数据核字(2020)第181031号

版 权 声 明

内 容 提 要

本书全面介绍了近年来引领图形交互设计领域潮流的 MG（动态图形）动画与 UI（用户界面）动效的设计方法和流程。主要内容包括动态设计的基本要素，利用 After Effects 进行动态设计的基础框架，动态视觉的层次结构、构图和布局，版式、图标等动态设计的要点及操作，应用于用户界面和交互设计的动画原理，3D 动画集成及实时合成等。

本书适合从事交互设计、界面设计、Web 设计等工作的设计人员阅读，也可供高等院校设计类相关专业的学生及设计爱好者参考。

◆ 著　　　[美] 克里斯·杰克逊
　　译　　　隋 奕
　　责任编辑　王 冉
　　责任印制　马振武

◆ 人民邮电出版社出版发行　　北京市丰台区成寿寺路 11 号
　　邮编　100164　电子邮件　315@ptpress.com.cn
　　网址　https://www.ptpress.com.cn
　　北京捷迅佳彩印刷有限公司印刷

◆ 开本：700×1000　1/16
　　印张：15　　　　　　　　　　2020 年 12 月第 1 版
　　字数：370 千字　　　　　　　2022 年 12 月北京第 11 次印刷
　　著作权合同登记号　图字：01-2018-8504 号

定价：89.00 元

读者服务热线：(010)81055410　印装质量热线：(010)81055316
反盗版热线：(010)81055315
广告经营许可证：京东市监广登字 20170147 号

欢迎读者翻开这本《After Effects 动态设计：MG 动画 +UI 动效》。本书将会带领读者通过分析实用又有创意的项目示例来掌握动态设计的方法，可用于 MG（Motion Graphics，动态图形）动画与 UI（User Interface，用户界面）动效等设计领域。有了 After Effects，艺术家和设计师们可以开发和实现超越平面印刷和静态图像的一种"基于时间"的设计。

关于本书

本书专为设计师编写，在内容上平衡了对设计理论的讲解与对应用技巧的介绍，包括构图布局、视觉层次结构、字体选择处理、动态原理、3D 集成等。本书希望通过对案例项目进行逐步的解释与介绍，有效地提高设计师的动态设计能力。

本书的每一章都包含独立的练习实例，并提供实用的小贴士和设计技巧。每一章练习都提供了逐步的引导和技巧提示，供读者在构思自己的动态设计项目的创造性解决方案时使用。

谁应该读本书

本书的主要读者对象是艺术家和设计师们。这些读者可能是受过专业培训的设计从业人员、学生、教育培训工作者，或其他任何富有创意的，对动态设计、动画等感兴趣的人士。

如何使用和阅读本书

为了帮助读者更好地利用本书，下面介绍一下书中使用的排版约定。

- 书中**粗体**显示的是关键词、文件名或文件夹名。
- 菜单命令的形式：**File（文件）> Save（保存）**。
- 图片右侧或下方的补充信息，有助于读者了解应用程序的操作或设计思路。

关于作者

克里斯·杰克逊（Chris Jackson）是一名平面设计师，也是罗切斯特理工学院（Rochester Institute of Technology，RIT）影像艺术与科学学院的教授和副院长。在 RIT 任教之前，克里斯曾就职于柯达公司（Eastman Kodak），担任新媒体设计师，负责创建和提供在线教学培训课程。他还曾在一些跨国公司担任动画制作师、设计师、程序员和顾问等，并讲授或举办有关交互设计和动画制作的课程或工作坊。

克里斯杰出的专业工作已使他获得了众多交流奖项。他的研究领域包括用户体验设计、2D 人物动画、数字化故事讲述和儿童互动设计等。

资源与支持

本书由"数艺设"出品，"数艺设"社区平台（www.shuyishe.com）为您提供后续服务。

配套资源

书中"练习"所用素材、项目文件及渲染输出的视频文件。

获取资源请扫码

"数艺设"社区平台，为艺术设计从业者提供专业的教育产品。

关于"数艺设"

人民邮电出版社旗下品牌"数艺设"，专注于专业艺术设计类图书出版，为艺术设计从业者提供专业的图书、U 书、课程等教育产品。出版领域涉及平面、三维、影视、摄影与后期等数字艺术门类，字体设计、品牌设计、色彩设计等设计理论与应用门类，UI 设计、电商设计、新媒体设计、游戏设计、交互设计、原型设计等互联网设计门类，环艺设计手绘、插画设计手绘、工业设计手绘等设计手绘门类。

更多服务请访问"数艺设"社区平台 www.shuyishe.com。

与我们联系

我们的联系邮箱是 szys@ptpress.com.cn。如果您对本书有任何疑问或建议，请您发邮件给我们，并请在邮件标题中注明本书书名及 ISBN，以便我们更高效地做出反馈。

如果您有兴趣出版图书、录制教学课程，或者参与技术审校等工作，可以发邮件给我们；有意出版图书的作者也可以到"数艺设"社区平台在线投稿。如果学校、培训机构或企业想批量购买本书或"数艺设"出版的其他图书，也可以发邮件联系我们。

如果您在网上发现针对"数艺设"出品图书的各种形式的盗版行为，包括对图书全部或部分内容的非授权传播，请您将怀疑有侵权行为的链接通过邮件发给我们。您的这一举动是对作者权益的保护，也是我们持续为您提供有价值的内容的动力之源。

Contents

第 1 章　动态设计元素

第 2 章　动态设计项目

第 3 章　动态文本

第 4 章 动态标志

第 5 章 动态用户界面

第 6 章 动态信息图

第 7 章　动态标题序列

第 8 章　三维空间中的动效

第 9 章　在动态设计中前行

第 **1** 章

动态设计元素

动态设计可以看作平面设计和动画的结合。当然也远不止于此，通过定义添加元素的时间，设计师可以使用颜色、图像和排版来表达想法、传达信息，以及视觉化地讲述故事。本章将会探讨一些基本要素，从而可以有效地进行动态设计。

学习完本章后，读者应该能够了解以下内容：

• 动态设计的概念及应用场景

• 设计与动画制作的原则

• 电影化叙事的技巧

• 广播电视的术语及局限性

1.1 什么是动态设计

动态设计（motion design），又称为动态图形（motion graphics and mograph）设计，是艺术、设计、动画、电影制作和设计师想象力的融合。理解动态设计中的关键组成要素是非常重要的，这会为最终作品的艺术性和设计性打下良好的基础。懂得如何组合视觉元素，便可以在设计时拥有清晰的视野，这是动态设计中必不可少的。

为元素添加基于时间的效果，就是给文字、标志、数据、界面、演示文稿和空间等这些元素赋予了生命。动态设计与经典动画的区别是，它更多地是用于抽象图形（如标志），实现商业或营销的目的。通常，动态设计项目应用于广播、影片和综艺后期，以及部分电影片段中。

动态设计是使用最有效而非最具艺术性的手段来增强沟通。它还应该与观众建立真正的连接，引发其情感上的反应。动态设计作品要将视觉和听觉元素融合在一起，对观众的情绪产生影响，让他们感受到启发，去思考传达给他们的信息。

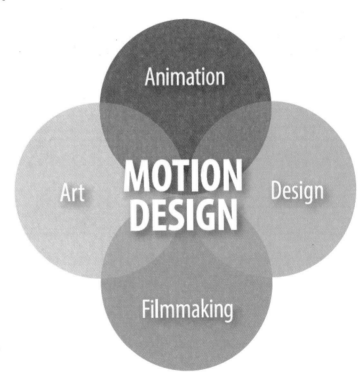

动态设计融合了艺术、设计、动画 ▶
和电影制作技术。

动态设计项目示例

动态设计项目包括动画标志、视频讲解、用户界面转场、电视频道品牌识别（电视标志及名称）和影像标题等。从网络、现场活动，到电视和电影，动态设计的应用平台变得没有了限制。下面是一些不同类型的动态设计项目示例。

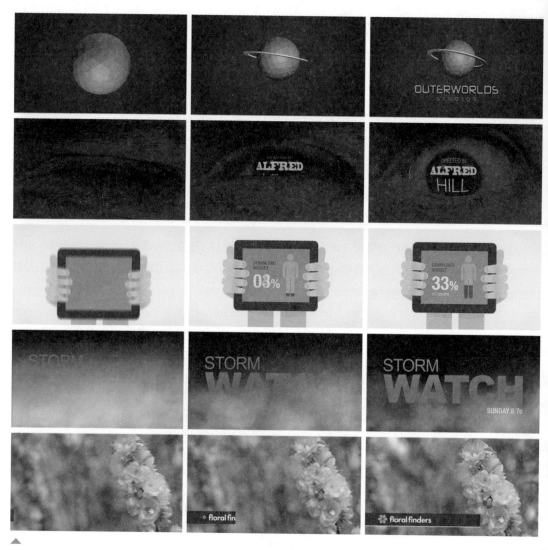

动态设计项目示例包括：动画标志、电影标题设计、动画信息图、电视广告和频道品牌识别等。

1.2 设计原则

成功的设计，无论是静态的还是动态的，都不应削减页面或屏幕所表达的内容。相反，它应该通过吸引用户并可视化地传达内容来增强用户体验。设计原则可以用于创建动态设计项目的组成模块，从而有意识地应用图像、颜色、字体和其他元素来实现设计美学的表达。

动态设计项目的主要设计原则包括以下几点。

对齐（alignment）

■ 在屏幕上的元素之间建立顺序和视觉的联系。

平衡（balance）

■ 肉眼可辨的对称或平衡构图。

■ 不对称的平衡会增加更多的趣味。

■ 即使在尺寸、空间等方面存在差异，整体仍然能体现出平衡的抽象构图。

对比（contrast）

■ 利用不同元素的并列，在构图中表现出重点。

层次结构（hierarchy）

■ 在构图中表现元素在视觉上显示内容的优先级。

接近（proximity）

■ 构建元素之间的关系以形成焦点。

■ 构图中的元素通过分组而形成独立的单元。

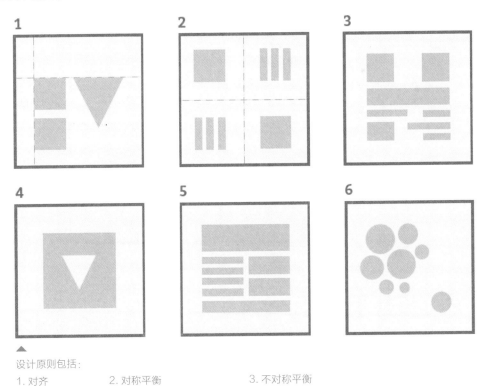

▲
设计原则包括：

1. 对齐   2. 对称平衡   3. 不对称平衡

4. 对比   5. 层次结构   6. 接近

重复（repetition）

■ 用于体现一致性并创造出视觉节奏。

相似性（similarity）

■ 通过视觉属性（如大小、形状和颜色等）来表达元素间的相似性。

强调（emphasis）

■ 在构图中制造焦点。

■ 应用于一个对象，以区别于其他对象。

■ 通常通过比例、形状和颜色等方面进行强调。

空间（space）

■ 包括元素之间，以及元素与周围、上方和下方之间的距离。

■ 有效空间和留白都是构图时需要考虑的重要因素。

设计原则包括：

7. 重复
8. 相似性
9. 使用形状强调
10. 使用颜色强调
11. 由形状产生的负空间
12. 具有重叠形状的空间

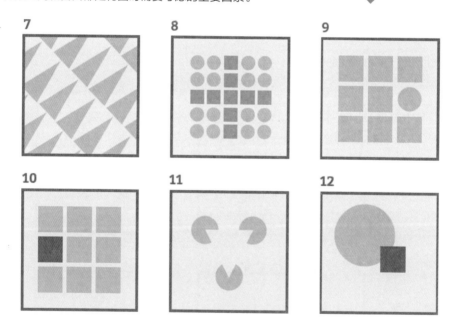

1.3 添加时间元素

　　动画是一种视觉错觉的艺术，它是一种移动或时间变化的表达。学习动画技巧和原则有助于实现数字内容和图形用户界面的动态交互。动画并不是一个新概念，但设计师现在要比以往更多地把动画效果作为信息传达中不可或缺的部分。

运动的视觉错觉

在电影中，帧（frame）是单个的静止图像。当帧快速连续显示时，就会产生运动错觉，这通常被称为**视觉暂留（persistence of vision）**。这种现象发生在眼睛中，1 帧的残像在视网膜上会持续约 1/25 秒。若这个残像与下一帧的图像重叠，我们就会将其看作连续的运动。

视觉暂留是一种运动在视觉上产生 ▶
的错觉。

1.4 动画原理

通过理解真实世界中的运动（如引力、相互作用等），可以加强利用设计原则对复杂的想法或概念的传达能力。动画可以通过视觉层次的不同来辅助对象进入或退出屏幕，或者被聚焦。在 20 世纪 30 年代，沃尔特·迪斯尼（Walt Disney）发布了若干条内容的动画原则，这为传统动画的制作提供了指导原则。这些动画原则也在动态设计项目中广泛应用至今。

立体造型

本原则侧重于物体的外观及其潜在的运动趋势。立体造型为三维实物提供了对坠落、推动、旋转或拖动等这些动态表达的有形实体。立体造型有助于将交互式 UI 元素与静态内容分开。

立体造型赋予对象的三维外观。▶

挤压与拉伸

　　挤压与拉伸可用来体现物体运动时的质量和伸缩度。这里要牢记一个重要的知识点，那就是物体的体积在被压扁或拉伸时不会改变。在 UI 动效设计中，挤压与拉伸常用在单击、轻触或悬停按钮时提供反馈。

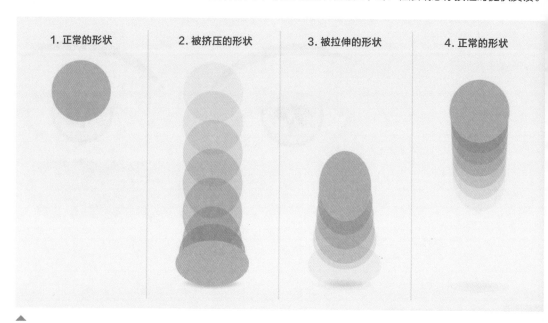

　　▲
挤压与拉伸用来表现物体运动时的质量和伸缩度。

预期

　　预期的动作会提醒用户即将发生的运动。预期是在主要运动之前微妙的相反运动，例如，物体在向前运动之前会发生细微的向后移动。预期为随后的运动提供了线索，如果没有它，运动就变得出乎意料，甚至会使用户感到突兀。

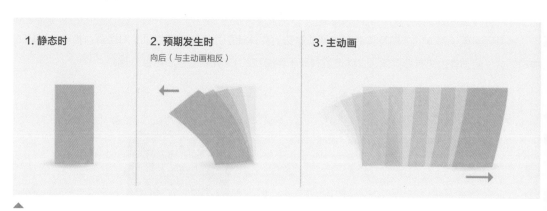

　　▲
预期会提醒用户主动画即将发生。

惯性跟随与动作重叠

    惯性跟随表现了物体在其运动结束时的反弹或摆动，就像连接到弹簧上一样。动作重叠捕捉到了对象的某些部分移动不同步的情况。这些部分以不同的速度移动，需要额外的时间来赶上主动画的运动。这种时间延迟通常被称为拖赘。

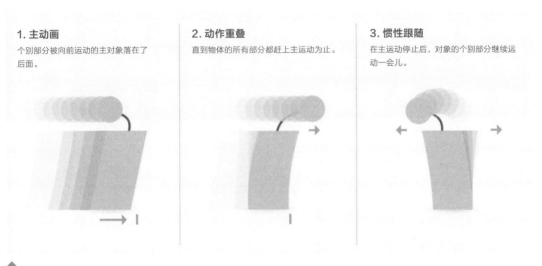

1. 主动画
个别部分被向前运动的主对象落在了后面。

2. 动作重叠
直到物体的所有部分都赶上主运动为止。

3. 惯性跟随
在主运动停止后，对象的个别部分继续运动一会儿。

▲
惯性跟随与动作重叠的效果展示了对象的各个部分不会在同一时间停止。

弧形

    这种效果模仿了生活中各种物体移动时的曲线路径。作为人类，我们不可能完全直线行动，物体也一样。使用弧形可为图形元素提供一致且可预测的运动，并使运动看起来不机械化、更自然。读者可以想象某个物体的轨迹，比如一个圆球，它的运动趋势就是一个弧形，像被抛出的一样。

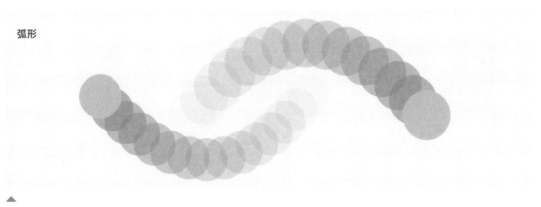

弧形

弧形模仿了物体在自然界中移动的轨迹。

渐入渐出

　　世界上的物体在运动时会逐渐加速或逐渐减速。例如，当司机用脚踩油门踏板的时候，汽车不会瞬间冲到极限速度，而会随着时间逐渐加速；踩刹车的时候，汽车也会随着时间逐渐减速。

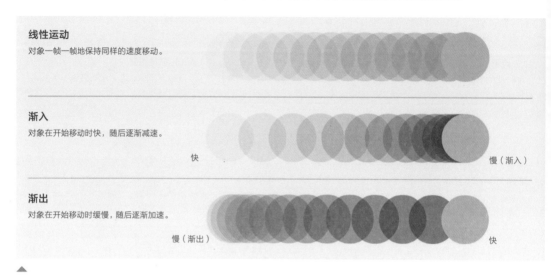

线性运动
对象一帧一帧地保持同样的速度移动。

渐入
对象在开始移动时快，随后逐渐减速。

快　　　　　　　　　　　　　　　　　　　慢（渐入）

渐出
对象在开始移动时缓慢，随后逐渐加速。

慢（渐出）　　　　　　　　　　　　　　　　　快

▲
随着时间的推移，物体的速度逐渐改变。这样能体现出逼真的动态效果。

呈现

　　呈现是指对象如何被放置在一帧的画面中，以帮助进行可视化传达。它将用户的注意力引向场景中最重要的元素。对于动态设计项目，设计师需要描绘出各帧如何传达信息，这类似于电影制作行业中摄像师的工作。

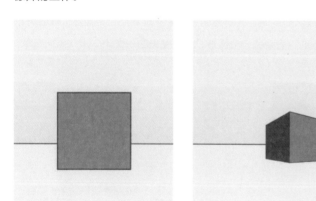

◀ 左侧盒子的呈现较弱，因为它的构图比较单调。
试想照明和摄像机角度（如右侧盒子的呈现）是如何影响整体的视觉效果和故事生动性的。

1.5 电影化叙事技巧

动态设计的另一个关键要素是展现故事的能力，而不是通常以为的讲述故事的能力。**电影摄像技术（cinematography）**是电影中艺术与技术的体现。电影摄像师的艺术视野和想象力有助于他们通过摄像机的镜头构建观看到的场景，并将场景带到屏幕上。在电影中，电影摄像技术包含以下方面：

- 一个场景中，演员和道具的组成及构图

- 建立视觉的"外观"和故事的"情绪"

- 对场景和演员的布光

视觉效果必须可以增强故事的叙述或满足观众的期望。对于电影中的每一个场景，摄像师都需要从视觉上回答观众提出的以下问题：

- 现在发生了什么？

- 涉及了哪些人物？

- 应该有什么感受？

帧、镜头和场景

如前所述，**帧（frame）**是单个静止图像。**镜头（shot）**是摄像机在特定时间段所拍摄到的全部实物。它是一个连续的画面，由一个摄像机拍摄，没有中断。一旦摄像机开始展示另外一个视角，就会被认为是另一个镜头。一个固定位置的多个镜头就构成了一个**场景（scene）**。一系列的场景构成了整个影视作品。

帧是一个静止的图像，在电影中等 ▶
于 1/24 秒。

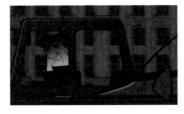

镜头是从一个有效位置所拍摄的一 ▶
系列帧，没有中断。

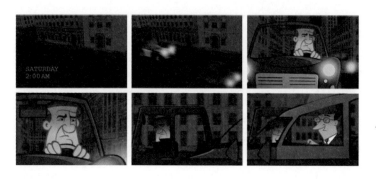

场景是一系列镜头,它描绘了一个位置在某个特定的时刻所发生的事件。

拍摄镜头

精心设计的镜头和角度会极大地影响观众的情绪反应。最常用的三种镜头是远景镜头、中景镜头和特写镜头。远景镜头和特写镜头可以产生极致的视觉效果,以增强故事的戏剧性和张力。

一个**大远景镜头（extreme long shot，ELS）**可以显示出一个场景或区域的广度。它通常用于故事的开头或结尾来设立画面。在大远景镜头中出现的角色会显得较为渺小。这是一个有效的视觉工具,能让观众产生相应的情感反应。

大远景镜头可以将角色置于一片广阔的森林之中。作品的构图不仅放大了环境的比例,也突出了人物与社会的隔绝。

背景交代完成后,使用**远景镜头（long shot，LS）**来构建情节。这种镜头可以展示地点、人物和动作。它可以把一个人物从头到脚完整地显示,并给予其足够的空间在画面中移动。

远景镜头勾勒出故事的情节。它还为角色的移动提供了足够的空间。

中景镜头（medium shot，MS）拍摄人物腰部或膝盖以上的部分。在此视角中，角色的手势和面部表情等可以在恰当的背景比例映衬下展现给观众。它是电影和电视中最常用的镜头，能够拉近与观众的距离，让故事更深入人心。

中景镜头从腰部或膝盖以上勾勒出 ▶
角色，并捕捉角色的手势。

在**特写镜头（close-up，CU）**中，人物的头部和肩膀被突显出来。这种镜头意在邀请观众成为故事的参与者，在视觉上与画面中的角色面对面，使观众可以看到并感受到角色的情感。

特写镜头揭示了角色的情绪状态，▶
帮助观众与角色从情感上进行
对话。

特写镜头还可以向观众揭示隐秘的信息，或者用来强调镜头内的某个特征。为了获得更加生动的效果，还可以使用**大特写镜头（extreme close-up，ECU）**。此类镜头将观众的注意力集中在镜头中的重要内容上。像画画一样，构建空间的方式对观众会有直接影响。在此建议读者多尝试使用不同类型的镜头来表现多样性。

镜头角度

摄像机的位置决定了观众从哪个角度看到画面，这是能改变画面形态的要素。可通过改变摄像机相对于拍摄对象的高度和角度，来调整镜头内容的情感冲击强度。这是一种电影技术，用来创造特定的效果或情绪。

用**俯视角（high angle shot）**拍摄时，将摄像机放置在向下倾斜的地平线上方拍摄对象。这种摄像机角度可与大远景镜头一起使用，这样可以构成美学上令人愉悦的画面。如果与中景镜头相结合，则可能会使角色产生卑微感或脆弱感。

在**平视角（eye-level shot）**的拍摄中，摄像机处于与观察者眼睛相同的高度。这种摄像机角度能创造相当中立的镜头。镜头的角度直接对准了角色的眼睛，能使观众认同角色是平等的。

用**仰视角（low angle shot）**拍摄时，摄像机低于视线，并且经常向上倾斜来拍摄对象。这种摄像机角度能营造出一种敬畏感和优越感。从仰视角展现出的角色似乎拥有更多的力量，因为这一视角让角色主导了画面。

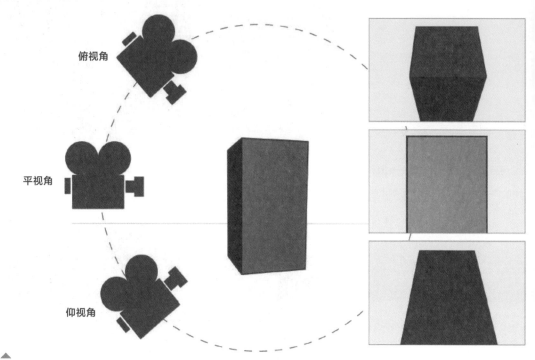

▲
精心选择的摄像机角度可以改变画面中物体的形态。

摄像师有时也会选择稍微倾斜的角度，这就是所谓的**德式镜头（Dutch angle）**或**倾斜镜头**。在这类镜头中，相机的纵轴与拍摄对象的纵轴不完全重合，而是存在一定的角度。这种表现方式会产生一种不稳定或不安全的感觉。

◀ 用德式／倾斜镜头拍摄能给人一种
不稳定或不安全的感觉。

鸟瞰视角（bird's-eye view）把俯视角拍摄推向了极致，摄像机直接位于拍摄对象的上方。在电影中鸟瞰视角的例子包括俯视城市中的建筑或跟踪行驶在路上的汽车。

　　鸟瞰视角的反义词是**虫瞰视角（worm's-eye view）**，摄像机放在地上向上拍摄。**虫瞰视角**用来让观众抬头观察事物，或者让一个物体看起来高大、强壮、有气势。

虫瞰视角是一种极端的仰视角拍摄，通常用来强调物体在场景中的力量或支配能力。▶

镜头移动

　　镜头也可以通过摄像机的移动来定义。移动的摄像机被用来引导观众的注意力，让他们参与到正在观看的场景中。下面来讨论电影中常用的镜头移动动作。

　　横摇（pan，P）是将摄像机从左向右或从右向左水平移动，类似于将视线从一侧移动到另一侧。横摇是一种非常重要的镜头，经常用于拍摄水平方向的景象。**上下直摇（tilt，T）**是垂直方向上的移动，即向上或向下。它最常用于展示高层建筑或人。

横摇通常用来设立地点和环境。▶

　　摄像机也可以在一个镜头内从一个地方移动到另一个地方，这就是**跟踪镜头（tracking shot，TS）**，摄像机会一直追踪或跟随着对象。当拍摄对象停留在一个地方，摄像机相对它移动时，也可以叫作跟踪镜头。摄像机向前移动时，称为**推进（truck in）**；向后移动时，称为**拉出（truck out）**。这些跟踪运动能增加画面深度。

变焦推拉（zooming）是一种放大图像的效果。变焦时透视不受影响，因为前景和背景被同等放大。这些摄影技巧都可以用来更生动地讲述故事。

◄ 跟踪镜头能增加画面的深度，变焦镜头会同时放大前景和背景。

三分法

作为设计师，必须要让观众从视觉上对场景感兴趣。画面应该鼓励观众仔细查看每个地方，找出什么是最重要的信息。**三分法（rule of thirds）**是一项十分有用的构图准则，其背后的概念是将画面在水平和垂直方向上都划分为三等份。图像被四条直线分成九个相等的部分，重要的元素位于两条直线的相交处。

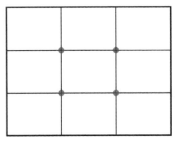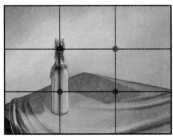

◄ 四个特别标出来的交点中的任何一个点都是画面的兴趣点，是放置被强调对象的位置。

如果地平线是可见的，那它就不应该在画面中间。如果在中间，就会把构图分成相等的两半。当画面被分成相等的两半时，就会缺少张力，对观众来说就会显得乏味。画面上的每一半都应在视觉上传达着不同的情感内涵。

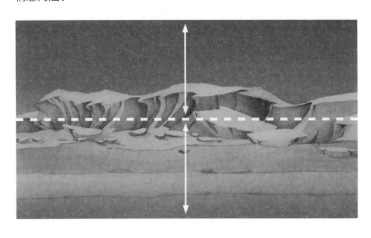

◄ 如果将地平线放置在画面中间，这样形成的对称构图通常被认为是缺乏张力的。

构图中的上半部分意味着自由、有志向或有成就感，把角色放置在上半部分能够表达出对环境或状态的支配感。构图中的下半部分暗示出沉重、压抑的感觉，把角色放置在下半部分会使其看起来像是受支配的、受约束的。试着平衡构图中的元素，明确摆放元素和角色的位置是决定画面信息能否被准确传达的重要因素。

构图中的上半部分能展示出自行车骑手的支配状态，开阔的天空为骑手提供了广阔的空间。

将自行车骑手放在构图的下半部分，则其在视觉上便受到山脉的限制。

绘制线条

　　通过对线条、形状、颜色和数字等元素的设计，可以使它们参与到画面的构图中。线条是设计中最基本的元素，隐含着引导观众视线在画面中移动的作用。线条可以是水平线、垂直线或对角线。

　　不同方向的线条会让观众产生不同的心理和情感反应。

■ 水平线能传达出一种稳定、平静的感觉。

■ 垂直线意味着强壮和力量。

■ 对角线能表现出运动感。

◀ 将地平线倾斜，便改变了自行车骑手的平稳旅程，进入了一种上坡的状态。从左向右上升的对角线能传达出一种比使用水平线传达时更吃力的运动。

◀ 水平翻转画面将使自行车骑手的运动显得更加吃力。除了对抗地心引力，对角线与我们从左到右的阅读方式相反，能够吸引更多的关注。

线条为观众的视线提供了一个视觉引导。隐含的线条能以各种形式出现，通常被称为画面中的**引导线（leading line）**。在设计构图时，最好有一些实物从底部等角落延伸到对象上，比如一条路、一道篱笆或一根树枝，这些可以帮助观众更好地找到画面重点。

引导线能够帮助观众找到画面重点。 ▶

行动线

电影摄像师几乎可以通过巧妙地调节摄像机位置、角度和构图等来表现任何镜头中元素之间的空间关系。那么时间呢？剪辑师在所有镜头拍摄完成后，把镜头集结在一起，通过剪辑来实现电影感。最终的目标是建立镜头和镜头间的连续性。连续性可以通过理解屏幕方向、行动线和应用 180 度法则来获得。

屏幕方向（screen direction）指的是移动的方向，或者是画面中角色所面对的方向。如果有太多的镜头从不同的角度拍摄，就会扰乱屏幕方向的连续性。如果角色在一个镜头中向前移动，然后在下一个镜头中向后移动，画面的连续性就会被打断，也会使观众感到困惑。

一个两人在餐厅交谈的场景可能包括三个基本镜头：一个是两人都坐在桌边的中景镜头，另两个是两人各自的特写镜头。这些镜头将观众引向确定的方向，即角色占据的空间。为了拍摄好场景，以及能有效地剪辑每一个拍摄的镜头，那么了解 **180度法则（180°rule）**是很重要的。其中很主要的一条规则则是选定一条行动线，并在整个场景中保持不变。

这个场景展示了三个单独的镜头，▶ 以此表现出两个角色之间的对话。需要注意的是这些镜头在剪辑上有点奇怪的地方。

第二个镜头中的女士改变了屏幕方 ▶ 向。这使她看起来似乎在跟那位男士的后脑勺说话。这就是屏幕方向颠倒。

行动线（line of action）是一条假想的线，它决定了角色和物体在通过镜头观看时所面对的方向。当越过行动线时，要反转通过摄像机捕捉到的所有内容的屏幕方向，即使角色和物体并没有移动。

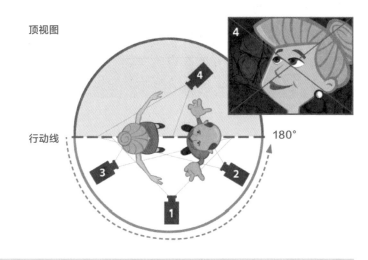

4 号机位拍摄的画面无法保持屏幕 ▶ 方向的连续性，因此要选择行动线一侧 180° 以内的镜头来保持连续性。

切出与转场

　　一个场景的节奏是由镜头的长度和镜头切换的频率，以及每个镜头中的动作决定的。**切出（cut）**是指一个可以轻松地改变场景长度或顺序的镜头。切出镜头是一种可以增强故事性的手段。

　　任何镜头都可以作为一个切出，只要它能起到关联并加强主要情节的作用。剪辑场景的目的是让观众认为时间和空间是不间断的。那么如何在切出的同时保持连续性呢？

- **动作切出（cut on the action）：** 观众的注意力会自然地跟随屏幕上的运动而移动。如果一个动作开始于一个镜头，结束于下一个镜头，观众的注意力就会跟着移动，而不会迷失方向。

▲ 当人物抬起手臂读信的时候，就是动作切出的时机。当信进入画面，一个新的特写镜头立刻出现。

- **匹配切出（match cut）：** 此切出在构图上匹配了镜头间的形态和运动。几乎从开门到坐下的任何一种动作都可以用匹配切出有效地展现出来。

- **干净的出入点（clean entrances and exits）：** 如果一个角色在不同的位置连续拍摄了两个镜头，切出时则需要有一个干净的入点和出点。当角色退出场景时，将空场景保持一两秒钟，然后在角色进入下个场景之前，也保持下个场景为空。这样观众就能理解角色有时间前往下一个镜头中的不同位置。

- **跳越切出（jump cut）：** 这是指从一个镜头到另一个镜头的突然转变。这种类型的切出有时会被谨慎地用来营造悬念。其中一种类型的跳跃被称为**切入（cut-in）**，用于将观众的注意力立即集中在动作上。切入镜头缩小了观众在场景中的视角，这是通过使用帧内已经有内容的特写镜头来实现的。

▲ 通过快速的跳跃切出突出了一个悬疑的时刻，让观众感到了惊悚。

■ **横切（crosscut）：** 这也被称为并行切出，是指在不同位置发生的事件之间来回切换。横切的一种常见情况是打电话，两个角色拿着各自的电话在不同的地方，镜头来回切换暗示这两个事件是同时发生的。

横切是指在不同的镜头之间来回 ▶
切换。

　　使用横切的经典案例可参考拍摄于 1914 年的默片《波林历险记》（*Perils of Pauline*）。在影片中，当火车驶近时，反派把女主角绑在铁轨上。观众的注意力被来回切换，以同时展示迎面而来的火车、奋力挣脱的女子和前来救援的英雄。

1.6 电影及电视设计

　　接下来把焦点转移到围绕电影和电视设计的技术问题上来，因为这也是动态设计项目常见的应用领域。数字视频要素包括画面宽高比、格式、帧速率、安全区域和色域等。一个好的开始是确定合适的画面大小。

画面宽高比

　　定义空间非常重要，因为它定义了组成图形元素的区域。在视频中，尺寸被称为**画面宽高比（frame aspect ratio）**，它是画面宽度和高度之间的比值（也可简称为宽高比）。标准的计算机显示器和电视有 4：3 的宽高比。那么这个比例是从何而来的呢？

在 20 世纪 50 年代早期，电影画面的宽高比大致相同，也就是所谓的学院标准（academy standard）——宽高比为 1.37∶1。电视也采用了学院标准，宽高比为 1.33∶1。这就成为了一项公认的视频标准，通常称为**4∶3 宽高比**。

◀ 标准的 4∶3 宽高比：
每 4 个宽度单位，对应 3 个高度单位。

1953 年，好莱坞推出了宽屏幕电影格式，这样做是为了让观众远离电视机而来到影院。如今，宽屏幕电影有三种标准比例：变形宽屏幕（2.39∶1）、学院宽屏幕（1.85∶1）和常见于欧洲的 1.66∶1 宽高比的电影。

◀ 三种常见的宽屏幕电影的宽高比。

高清（high-definition，HD）电视采用了学院宽屏幕（academy flat），并将宽高比调整为 1.78∶1。这被称为**16∶9 宽高比**，意味着每 16 个宽度单位对应 9 个高度单位。这种宽高比也是动态设计行业常用的标准。高清视频格式还提供比标准模拟视频格式更高的分辨率。

高清（HD）16：9 宽高比：
每 16 个宽度单位，对应 9 个高度
单位。

数字视频显示格式

数字视频以字节的形式记录数字信息，如此可以保证在不损失任何画面或声音质量的情况下复制视频。常见的高清视频显示格式包括 **720p**（1280 像素 ×720 像素）和 **1080p**（1920 像素 ×1080 像素），这两种格式的主要区别在于组成图像的像素数量。**4K**（4096 像素 ×2160 像素）的像素分辨率是 1080p 的 4 倍。

模拟视频使用电信号将视频图像捕获到 VHS 等磁带上。模拟视频格式标准至今仍被全世界广泛使用。**NTSC** 是 "（美国）国家电视标准委员会" 的缩写，是美国、加拿大、日本和菲律宾等国家和地区使用的电视格式。**PAL（phase alternating line）** 是大多数欧洲国家（及中国，译者注）使用的电视格式。这些标准的视频格式使用的是 4：3 宽高比。

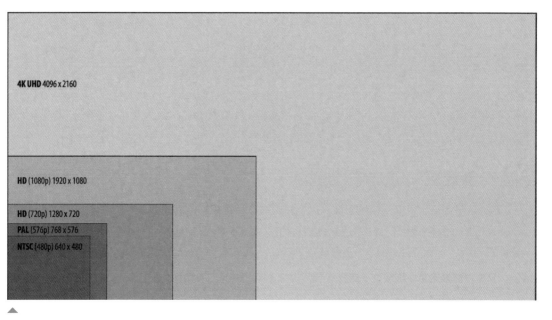

4K UHD 4096 x 2160

HD (1080p) 1920 x 1080

HD (720p) 1280 x 720
PAL (576p) 768 x 576
NTSC (480p) 640 x 480

常见的视频显示格式。

帧速率

After Effects 中的时间轴是由一系列帧组成的。**帧速率（frame rate）**是帧被回放给观众的速度。影院电影的默认帧速率是每秒 24 帧。帧速率会影响动作效果的流畅度，如果帧速率太低，则动作会出现卡顿。常用的帧速率包括以下几种。

- **12 帧 / 秒：**产生视觉错觉所需的最小帧速率。

- **24 帧 / 秒：**用于电影的标准帧速率，或者用于高清视频。

- **25 帧 / 秒：**PAL 电视格式的标准帧速率。

- **29.97 帧 / 秒：**NTSC 电视格式的标准帧速率，也可用于高清视频。

- **60 帧 / 秒：**超过这个阈值，大多数人都会感觉到画面不稳定。

帧速率影响动作效果的流畅度。
▼

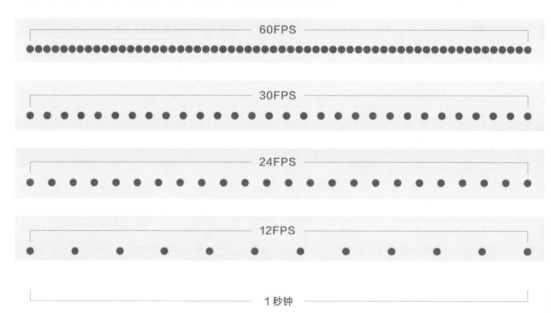

标题安全区域和动作安全区域

电视屏幕不会显示全部的视频画面，这个问题被称为**过扫描（overscan）**，可以把它想象成在 Photoshop 中裁剪一张图片。有些电视转播商会根据画面宽高比对原始视频进行裁剪、放大或拉伸。为了解决这一问题，电视制片方提出了**标题安全（title safe，又称为字幕安全）区域**和**动作安全（action safe，又称为情景安全）区域**这一概念。

标题安全区域是一个距离屏幕边缘约 20% 的空间。在这个空间中，视频画面中的文字部分不会被截掉。动作安全区域是一个更大的区域，它表示一台典型的电视机中将图像裁掉的地方。After Effects 提供"Title/Action Safe（标题 / 动作安全）"选项，在项目中使用该选项能够确保重要的信息不会丢失。

标题安全区域和动作安全区域用于 ▶
解决转播过程中的过扫描问题。

16：9 标题安全区域

16：9 动作安全区域

色域（颜色空间）

计算机屏幕显示的是 **RGB 色域（RGB color space）**，这是一种由红、绿、蓝三种基色定义的加色模式。我们最常见的色域的应用环境就是计算机显示器、普通消费级照相机、家庭打印机等，它们使用的是 **sRGB（standard RGB）**。对于高清电视（HDTV），**Rec.709** 是国际公认的视频色域，它与 sRGB 的色域基本相同，但具有更大的颜色空间。

After Effects 允许用户为自己的设计项目选择任意一种色域，只需根据最终交付的作品将用于何处而作出选择即可。如果目标格式是高清视频，那就选择 **HDTV（Rec.709）**。如果将在计算机屏幕上显示，那就选择 **sRGB IEC61966-2.1** 的设置，这是大多数 Windows 显示器的默认设置，也适用于制作网络视频。

计算机屏幕显示的 RGB 色域。 ▶
行业标准色域为 sRGB。
高清电视需要使用 Rec.709 色域。

渲染和视频压缩

当在 After Effects 中完成一个设计项目时，需要将其渲染输出，转换成能被其他人查看的文件。**渲染（rendering）**创建了视频的每个帧。After Effects 将项目渲染，从而使其能在网页、电视、电影或移动设备上播放。此步骤的诀窍是知道如何为了最终目标而优化并获得高质量的视频。

压缩（compression）减少了显示可接受图像所需的可传输数据量，又称为**数据速率（data rate）**。压缩时会分析图像和声音的序列，由此编码出一个删除了尽可能多的数据的文件，并提供一个感官（视觉和听觉）层面上保持了源文件质量的副本。

实际的压缩是由一个编码器和一个解码器来执行的，它们被称为**编解码器（codec）**。编码器减少了存储视频所需的数字信息量。在回放时，由解码器对压缩的数据进行解码。压缩和解压时使用相同的编解码器是很重要的，如果解码器无法理解数据，用户将无法看到视频。表 1.1 列出了 After Effects 中常用的编解码器。

表 1.1 After Effects 中常用的编解码器

名 称	用 途
Apple ProRes 422(HQ)/4444	通常用于使用 HD 或更高分辨率媒体的电影和电视工作流程中的 Windows 平台。支持 Alpha 通道
MPEG-4	此编解码器是可用于 DVD、移动设备和 Web 内容的高效压缩系统，它能以较小的文件大小提供良好的视频和音频效果
H264	旨在通过低比特率和较小的文件大小来最大限度地提高质量。它是蓝光的常见编码标准，也是在线视频平台的良好格式。不支持 Alpha 通道

数字音频基础

当然不要忘了音频。计算机将音频记录为一系列的 0 和 1。数字音频将原始波形分解成单独的样本，这被称为音频数字化或**音频采样（audio sampling）**。采样率定义了在记录过程中采样的频率。

当以较高的采样率记录音频时，数字波形能完美地模拟原始的波形。低采样率往往会使原始声音失真，因为它无法捕捉到足够的声音频率。声音的频率是用赫兹（Hz）来测量的。赫兹表示每秒中周期性变动的次数，千赫兹（kHz）就是每秒中有 1000 个周期。表 1.2 列出了数字音频中常用的采样率。

表 1.2 常用的数字音频采样率

采样率	用途
8000 Hz	用于网络，低质量和低文件大小
11025 Hz	只适合旁白解说，不要用于音乐
22050 Hz	能提供合适的质量和文件大小，过去常用
44100 Hz	音频 CD 质量，用于视频和音乐
48000 Hz	DVD 质量，用于视频和音乐

对音频进行采样后，可以将其保存为多种文件格式。以下是一些可以导入 After Effects 的常见音频文件格式。

- **AIFF**（音频交换文件格式）是 Mac 计算机上的标准音频格式。

- **WAV**（波形音频格式）是 Windows 计算机上的标准音频格式。

- **MP3**（运动图像专家组格式）使用压缩算法移除了某些大多数人听觉范围之外的声音部分。因此，音频听起来仍然很棒，但文件较小。

本章小结

动态设计是几个关键要素的混合产物。设计原则和动画原理是利用空间和时间传递信息的关键。电影化叙事技巧分解了摄像机镜头的距离、角度和动作，这些都能有效地影响观众的情绪反应。虽然本章分别讨论了这些要素，但请记住，它们是在同一个镜头里共同发挥着作用的。

下一章主要介绍 After Effects 的工作区和工作流程。在开始动态项目的设计之前，读者还需要复习以下电影和广播电视设计的技术要求。

- 两种常见的宽高比为 4：3 和 16：9。

- 帧速率影响帧的回放。电影的帧速率为 24 帧 / 秒。

- 标题安全区域和动作安全区域用于解决转播过程中的过扫描问题。After Effects 提供了相关选项。

- 压缩可以减少显示可接受图像所需的可传输数据量。

- 编码器和解码器被称为编解码器，用来满足压缩的需求。

第 **2** 章

动态设计项目

借助 After Effects，艺术家和设计师们可以开发和实现超越平面印刷和静态图像的一种"基于时间"的设计。本章介绍了创建动态设计项目的基础框架，并介绍了 After Effects 的界面和使用流程。

学习完本章后，读者应该能够了解以下内容：

- 描述从制作到渲染输出的基本项目工作流程
- 创建和命名项目文件及构图
- 导入并合成图形媒体和动态类型
- 通过添加关键帧为图层添加动画效果
- 应用效果来设置样式和增强动态图形
- 渲染输出以传送到电影、网络和移动设备

2.1 项目工作流程

在投入行动之前，重要的是要勾勒出一个典型的路线图，以此成功地完成一个动态设计项目。工作流程应从定义最终产品是什么开始，然后写下描述项目内容和所需情感反馈的关键词。设计思维导图，勾勒出所有的想法和可能的解决方案。

一旦有了明确的目标，就可以使用草图、分镜、风格图和动画样片等把想法初步呈现出来，这样有助于在生产开始前向客户传达清晰的方案。这些方案就是一种推销方式，以便设计师的想法被客户接受。

进入 After Effects 后，就可以创建各种部件，并导入和排列时间轴图层上的媒体元素。等这一切就绪后，还可以通过合成、动画和视觉效果增加项目的复杂性。最后预览和优化项目，满足输出效果后，就可以把项目发布到最终的设备或媒体上了。

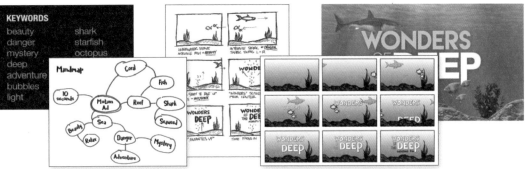

1. 定义项目　　2. 画草图与分镜　　3. 确定视觉风格

4. 创建模型　　5. 合成、动画、预览　　6. 导出发布

典型的项目流程包括定义项目、画草图与分镜、确定视觉风格和导出发布等。

2.2 明确项目内容

设计人员首先需要了解预期的项目内容。从最初与客户的会议开始，确定需要完成多少工作量，并确定最终交付的截止日期。要完成一个计划良好的项目，就需要明确哪一方应该提供哪些内容，从而更好地完成。

与客户交流时要明确以下问题。

- 需要什么类型的动态设计项目？

- 进行这个项目的总体目标是什么？

- 需要传达的信息是什么？

- 要怎样传达给观众看？

- 素材内容由谁来提供？

- 是否有可用的标志或品牌风格指南？

- 动态设计项目的时长是多少？

- 项目需要什么时候完成？

动态设计师需要明确以下问题。

- 是否需要聘请专业人士？
  - 动画师
  - 摄像师
  - 演员
  - 配音员
  - 程序员
- 需要哪些额外费用？

- 硬件和软件要求是什么？

- 需要多大的服务器空间？

提出正确的问题以明确项目的内容。

2.3 传达你的想法

创建**内容摘要（content brief）**是开启动态设计项目的第一步。这份文档可以来自客户，也可以由设计人员自己创建，目的是传达客户的需求和项目的目标。内容摘要应包括一个时间表，用于确定项目在一段时间内的时间节点与交付任务。客户在已确认的计划之外提出的任何附加要求都称为范围蔓延（scope creep），可能对最终设计产生负面的影响。

在本章中，读者将在 After Effects 中创建一个基本的动态设计项目，此项目是一个虚构的电视节目片头。

▶ 项目的最终效果。

缩略图板

　　所有的设计应该都要从画草图开始。在一张纸上画出能有效说明项目的多张草图就构成了一个**缩略图板**（**thumbnail board**）。我们不需要花费很多时间将草图画得很精细美观，画草图的目的是快速确定画面的布局，而不是突出绘画技巧。

　　即使草图画得很粗糙，但也依然应该清楚地定义出镜头中的图形元素、摄像机的位置和运动的方向（如果有的话）。在每张草图下面还可以列出细节作为注释，以阐明设计构思，这可以包括镜头描述、动画方向和转场。一开始就创建一个粗略的缩略图板将会有助于组织布局，并为创建分镜提供可视化的参考。

UNDERWATER SCENE
INTRODUCE FISH = BEAUTY

INTRODUCE SHARK = DANGER
SHARK SWIMS L > R

BUBBLES START TO RISE UP
BUBBLES = MYSTERY

"WONDERS" SCALES UP
FROM CENTER

▶ 一个缩略图板由粗略的草图组成，表明了整体的构图。
其中包括每个镜头中图形元素的呈现、移动的方向，以及从一个镜头到下一个镜头的转场。

"DEEP" ANIMATES UP

TIME FADES IN

分镜

分镜（storyboard）又称为故事板，是使用一系列连续的图像逐个演示镜头的设计工具。在电影中，它可以让导演对拍摄镜头、拍摄角度和镜头移动等进行规划，从而为观众呈现出连贯有趣的故事。当分镜完成后，它将成为所有重要镜头的蓝图，这些重要的镜头将在最终作品中呈现。在视觉形式上，分镜看起来像连环画一样。

分镜应该通过画面回答以下问题：

• 帧（画面）中有哪些元素？

• 元素是如何运动的？

• 镜头的位置在哪里？

• 镜头是否在移动？

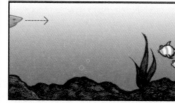

▲
分镜在视觉上比缩略图板要精致一些，并说明了每个镜头的顺序。此外，还可以通过绘制不同颜色的箭头来表示运动方向。

风格图

当和客户沟通的时候，最好是向客户展示而不是口头描述设计项目看起来是什么样子的。虽然缩略图板和分镜展示出了从镜头到图形元素的构图、分段和移动，但**风格图（style frame）**能更好地表现图形元素的视觉外观。风格图是一个单独的图像，表现了项目完成时的样子。设计一系列的风格图就等同于创建了一个**设计板（design board）**，通过这个设计板来表现项目中叙事要素的预期感觉和基调。

比起直接在 After Effects 中创作动画，先完成风格图是一种更快速、更节省成本的选择。它是一种沟通工具，能确保客户和设计师在一开始就达成共识。无论有任何意见都可以简单而快速地修改，而不需要到 After Effects 中重新渲染一个新视频。

将风格图视为最终动态设计项目中某一帧的快照。风格图让客户和设计师在制作开始之前就能一起改进视觉外观。▶

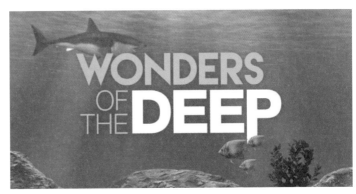

风格图的目标是定义视觉外观，包括颜色、类型、图像样式和纹理。风格图一经认可，就将成为设计师在制作过程中不可或缺的样板。▶

动画样片

当让分镜按照时间顺序动起来时，就会得到一个**动画样片（animatic）**。把每个分镜的图像都以数字化的方式导入到基于时间动态的应用程序中，例如 After Effects 或 Premiere。然后把这些图像按顺序拼接在一起，以确定动态设计中正确的时间和速度。此外，动画样片通常还包括旁白、音效及音乐，用作最终配音的占位符。

▲
动画样片是动起来的分镜。它们用于确定动态设计项目的正确时间和速度。

2.4 练习 1：新建项目

一旦客户确认了前期制作的动画样片，就可以正式开始设计与制作的工作了。如前所述，读者将在本章中创建一个简单的动态设计项目。2.4~2.8 节的练习对应设计项目的 5 个主要步骤：使用导入的媒体新建项目、添加关键帧、应用视觉效果、嵌套合成、将最终作品渲染输出为影片。

这 5 个练习的目标是系统地演示如何在 After Effects 中合成制作一个动态设计项目，通过分步教学，向读者介绍 After Effects 的工作区和工作流程。

本书配套资源的 **Chapter_02** 文件夹中包含完成练习所需的所有文件。
若读者还未下载 **Chapter_02.zip** 文件，请现在下载。

After Effects 中的所有工作都从新建项目开始。这个项目可以引用导入的文件，并保存使用这些文件的图像合成。当完成第一个案例时，读者应该就会知道 **Project（项目）**面板、**Composition（合成）**面板和 **Timeline（时间轴）**面板是什么，以及它们如何协同工作。除此之外，还将了解如何导入媒体元素并保存项目。

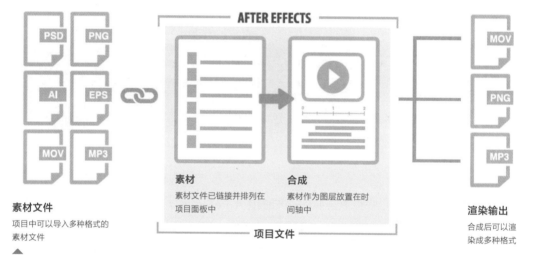

After Effects 项目的基本结构和工作流程。

启动 **After Effects**，此时会默认打开一个空的项目。这个图形用户界面被称为"工作区"，它可通过多种方式进行配置。

工作区

工作区被划分为几个区域，这里的区域即为"面板"。这些面板之间是互相连接的，以避免屏幕杂乱。After Effects 中的大部分工作围绕着 3 个面板：Project（项目）、Composition（合成）和 Timeline（时间轴）面板。

- **Project（项目）**面板显示导入的链接素材，并且存储项目中创建的视频（称为合成）。

- **Composition（合成）**面板用于合成、预览和编辑素材图层。

- **Timeline（时间轴）**面板显示了合成结构是如何构建的。该面板分为两个部分：右侧部分是实际的时间轴，其中显示了每个图层的起始、结束、持续时间和关键帧；左侧部分为一连串的条目列和开关按键，这些设置的变化都会影响图层的合成方式。

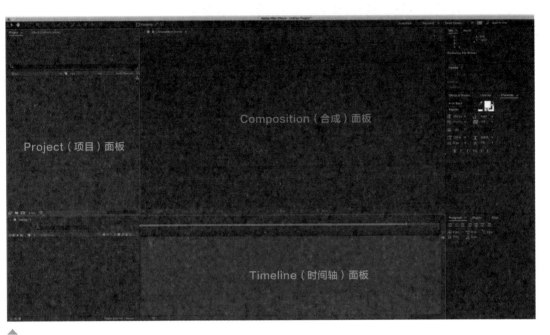

一次只能打开 After Effects 中的一个项目，这是一个需要注意的地方。如果尝试在 After Effects 中打开另一个项目或新建项目，After Effects 将关闭当前的项目。

1. 要确保使用与本书相同的布局，请到右上角的选项中选择 **Standard（标准）**布局。

将项目的工作区设置为"标准"布 ▶
局，以与本书中的案例保持一致。

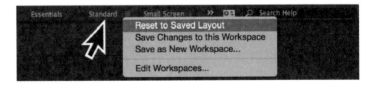

    项目是由一些 **Composition（合成）**搭建而成的。After Effects 中的每一个合成都是一部独立片段，都包含自己的时间轴。尽管 After Effects 一次只能打开一个项目文件，但项目中可能有多个合成。接下来创建一个合成。

2. 选择 **Composition（合成）> New Composition（新建合成）**菜单命令，在弹出的对话框中进行以下设置：

    • Composition Name（合成名称）：**Comp_WondersDeep**

- Preset（预设）：**HDV/HDTV 720 29.97**

- Duration（持续时间）：**0:00:10:00（10 秒）**

- 单击 **OK（确定）**按钮

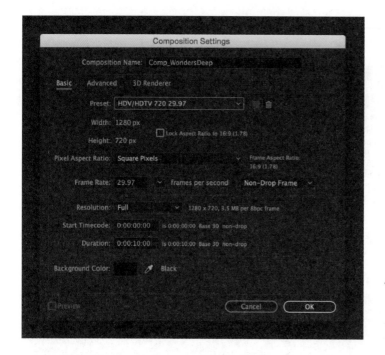

◀ After Effects 为不同类型的项目
提供了许多预设。预设自动为所选
输出格式设置一定的宽高比和帧
速率。

操作完成后，一个新的合成在 Composition（合成）面板和 Timeline（时间轴）面板中出现，同时在 Project（项目）面板列出。此外还可以通过导入分层 Photoshop 和 Illustrator 文件来新建合成，操作过程介绍如下。

导入素材 – Photoshop

读者可以通过导入多种文件来创建合成，它们被称为**素材（footage）**。素材可以是位图、矢量图、分层的 Photoshop 文件和 Illustrator 文件、图像序列、在 Cinema 4D 中创建的 3D 模型、数字视频剪辑和音频文件。

1. 保持当前 After Effects 项目文件在打开状态。

2. 选择 **File（文件）> Import（导入）> File（文件）**菜单命令，
   打开 Import File（导入文件）对话框。

3. 在 Import File（导入文件）对话框中，找到 **Chapter_02 \ Footage**
   文件夹，选择 **TheDeep_Scene.psd** 文件，这是一个分层的
   Photoshop 文件。

导入的素材是链接而不是嵌入到项
目文件中，需要保持源文件的存放
位置（文件夹）不变。

将素材导入 After Effects 中的方法有很多。打开"导入文件"对话框的快捷键是 **Command + I**（Mac）或 **Ctrl + I**（Windows），或者双击 Project（项目）面板下方的灰色区域。此外还可以直接将文件拖动到 After Effects 中。

4. 在 **Import As（导入为）** 下拉列表中选择 **Composition-Retain Layer Sizes（合成 - 保持图层大小）** 选项，然后单击 **Open（打开）** 按钮。

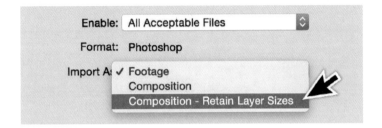

5. 在弹出的 TheDeep_Scene.psd 对话框中，单击 **OK（确定）** 按钮。After Effects 将导入 Photoshop 文件的每个图层，同时将混合模式和图层样式维持在可编辑的状态。

为什么这个分层的 Photoshop 文件是这样导入的呢？在对话框中，选择 **Footage（素材）** 选项，会将所有图层合并为单个图层；选择 **Composition（合成）** 选项，会将每个图层设置为与合成帧相同的尺寸（1280 像素 ×720 像素）；选择 **Composition-Retain Layer Sizes（合成 - 保持图层大小）** 选项，将保留每个图层并保持各自的尺寸。

例如，保持 fish 图层的宽度和高度仅与图形本身一样大，这使得每个图层在 After Effects 中更容易制作动画。这样也允许设计师在 Photoshop 中构建静态合成，然后在 After Effects 中直接制作动画。

整理项目面板

通过新建一个只包含合成的 **Comps** 文件夹来更好地整理 Project（项目）面板。操作步骤介绍如下。

可以随时重命名任何文件夹或图层，方法是单击并按 Return/Enter 键。此时该项目的名称将处于可编辑状态，并允许用户重命名该项目。

1. 通过单击 Project（项目）面板下方的灰色区域，取消选择面板中的任何选定项目。

2. 单击 Project（项目）面板底部的 **Folder（新建文件夹）** 按钮█。

3. 将新建的文件夹重命名为 **Comps**。

4. 将两个合成（**Comp_WondersDeep** 和 **TheDeep_Scene**）选中并拖动到 **Comps** 文件夹中。

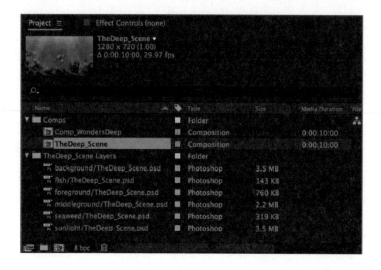

◀ **Project（项目）**面板：显示链接的素材文件。可以通过创建文件夹来更好地整理素材。

　　随着项目变得越来越复杂，Project（项目）面板可能会变得非常混乱，拥有数百个素材文件的情况也并不罕见。使用时需要慢慢养成将素材通过文件夹进行整理的习惯。接下来，继续为这个项目增加一些素材。

导入素材 – Illustrator

1. 双击 Project（项目）面板下方的灰色区域，打开 Import File（导入文件）对话框。

2. 在 Import File（导入文件）对话框中，找到 **Chapter_02 \ Footage** 文件夹，选择 **TheDeep_Title.ai** 文件。

3. 在 **Import As（导入为）** 处选择 **Composition（合成）** 选项，然后单击 **Open（打开）** 按钮。

4. 在 Project（项目）面板中，删除 **TheDeep_Title** 合成（只需要从 Illustrator 文件中导入图层文件夹即可）。

导入素材 – 图像序列

　　除了有分层的 Photoshop 和 Illustrator 文件外，还可以将一系列图像文件导入 After Effects 中成为一个静态图像序列。这些图像文件必须位于同一个文件夹中，并使用相同的文件命名模式，例如 image001、image002、image003 等。

1. 双击 Project（项目）面板下方的灰色区域，打开 Import File（导入文件）对话框。

2. 找到 **Chapter_02 \ Footage \ 3D Shark Render** 文件夹。此文件夹包含了一套鲨鱼图案的 PNG 格式图像序列，这些图像是使用 Cinema 4D 渲染过的。

3. 选择第一个文件名为 **shark0000.png** 的 PNG 文件。

只需要选择图像序列中的第一个文
件。After Effects 将自动导入同
文件夹中具有相同文件命名格式
的剩余图像。

4. 确保选中 **PNG Sequence**
（**PNG 序列**）选项。

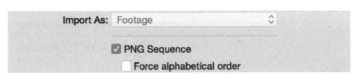

5. 单击 **Open（打开）**按钮。After Effects 会将所选图像识别为一个 PNG 图像序列，同一文件夹中的其余
图像文件也被导入到 Project（项目）面板中。

图像序列在 Project（项目）面板 ▶
中显示为一个单独的素材文件。

向合成中添加素材

　　Composition（合成）是一个将素材按图层保存的容器。这些图层在合成所定义的空间和时间范围内
被编辑操作。合成有独立的时间轴。上面的步骤已经导入了一些素材，接下来将它们添加到合成中以便稍后
制作动画。

　　在 **Project（项目）**面板中双击 **TheDeep_Scene** 合成。此时合成将被打开，并将导入的 Photoshop
图层显示在 Composition（合成）面板中，同时也会在 Timeline（时间轴）面板中显示。这两个面板会协同
工作。

合成面板

　　Composition（合成）面板就像一个戏剧舞台，用户可以使用它来构建、预览和编辑项目。
Composition（合成）面板的底部有用于控制缩放、查看颜色通道、显示当前帧和调整分辨率等操作的选项。

Composition（合成）面板用于排 ▶
列素材，并预览动态设计项目。

时间轴面板

Timeline（时间轴）面板展现了合成结构是如何搭建起来的。该面板分为两个部分：右边的部分是实际的时间轴，其中每一图层都有一个颜色条，用它来表示起始点、停止点和持续时间；左边的部分被分成一连串的条目和开关选项，这些都会影响图层的合成方式。

Timeline（时间轴）面板分为两个部分。图层结构及其开关在左边，实际的时间轴在右边。

随着时间轴变得越来越丰富和复杂，可能想要将其放大或缩小。此时可以使用 Timeline（时间轴）面板底部的缩放滑块来满足需求。

1. 在 Project（项目）面板中单击 **TheDeep_Title Layers** 文件夹并将其从 Project（项目）面板拖动到 Timeline（时间轴）面板的左侧。

2. 将这些图层置于 **seaweed** 图层之上。释放鼠标左键，时间轴中添加了 4 个 Illustrator 图层。此时标题显示在 Composition（合成）面板画面的中央。

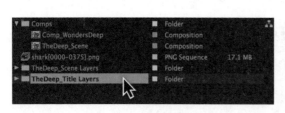

3. 单击并将 Project（项目）面板中的 **shark[0000-0375].png** 素材拖动到 Timeline（时间轴）面板的左侧。

4. 将其放置在 **middleground** 图层之上。释放鼠标左键，鲨鱼素材出现在 Timeline（时间轴）面板和 Composition（合成）面板中。

5. 此时本书的第一个动态设计项目正在顺利进行。在执行任何其他操作之前，请保存项目。选择 **File（文件）> Save（保存）**菜单命令，快捷键是 **Command + S**（Mac）或 **Ctrl + S**（Windows）。这将打开 **Save As（另存为）**对话框。

6. 将文件命名为 **01_WondersDeep** 并选择硬盘上的 **Chapter_02** 文件夹，单击 **Save（存储）**按钮。该文件的扩展名为 **.aep**，这代表着 After Effects Project（AEP）。被保存的文件并不是独立可执行文件，它仅能由 After Effects 读取。

Composition（合成）面板呈现了 ▶
分层的素材。

下面快速地回顾一下。本案例中使用的三个主要面板为 Project（项目）、Composition（合成）和 Timeline（时间轴）面板。创建一个新项目，将素材导入到 Project（项目）面板中，然后将素材在 Composition（合成）面板中显示。

剩余的工作在 Composition（合成）和 Timeline（时间轴）面板中进行，两者配合使用。对 Timeline（时间轴）面板中的图层所做的任何更改都将在 Composition（合成）面板中可视化地反映出来。现在是时候介绍如何真正将这个项目变为实现了。

2.5 练习 2：添加关键帧

After Effects 最终的输出文件被称为基于时间的视频媒体（time-based media），意思就是视频媒体内容会随时间的推进而变化。**关键帧（keyframe）**就用于记录这些主要的变化。关键帧这个词来自传统的动画制作。关键帧定义了位置、旋转、透明度等任何类型转换的起始点和结束点。

开始关键帧   时间变化   结束关键帧

◀ 关键帧用于记录类型转换的起始点和结束点。

    合成中的每个图层都具有互相关联的变换属性，这些属性包括轴点、位置、比例、旋转和透明度等。这些变换属性可以在不同的时间点分配和定义关键帧来创建动画。只需要一个开始关键帧、一个时间变化和一个结束关键帧。下面来看看它们在 After Effects 中是如何动起来的。

位置动画

    After Effects 与 Photoshop 以相同的规则堆叠图层。Timeline（时间轴）面板中较上面的图层将在 Composition（合成）面板中显示在较下面图层的前面。就像 Photoshop 一样，读者可以通过放置或移动图层以改变堆叠的顺序。

1. 在 Timeline（时间轴）面板中选择 **fish** 图层。

2. 单击并将鱼图片拖动到 Composition（合成）面板图像区域的右侧。这将是图片的起始位置。

    将素材拖动到 Composition（合成）面板时，可以将其放置在任何想要放置的位置。还可以将素材拖动到 Timeline（时间轴）面板上，它会在 Composition（合成）面板中自动居中。After Effects 仅显示

Composition（合成）面板图像区域中的素材图像信息。位于图像区域之外的任何元素都只显示为轮廓边界框，也就是说不会在画面中显示出来。

3. 要创建动画，可以通过关键帧变换图层固有的属性。在 Timeline（时间轴）面板中，单击 **fish** 图层左侧的箭头图标 ▶，就能够看到 Transform（变换）属性。每个图层都有自己的 Transform（变换）属性。

4. 单击 Transform（变换）属性左侧的箭头图标 ▶，会出现子属性，可以调整它们的数值。Transform（变换）属性共有 Anchor Point（锚点）、Position（位置）、Scale（缩放）、Rotation（旋转）和 Opacity（不透明度）5 个子属性。

　　如果未添加关键帧，则鱼图片的当前位置将在合成期间保持不变。用户也将永远不会看到它，因为它在 Composition（合成）面板图像区域之外。

5. 在 Timeline（时间轴）上，确保 **CTI（Current Time Indicator，当前时间指示器）** 位于第 1 帧。CTI 是 Timeline（时间轴）面板右侧的蓝色垂线，它指示当前在 Composition（合成）面板中显示的帧。

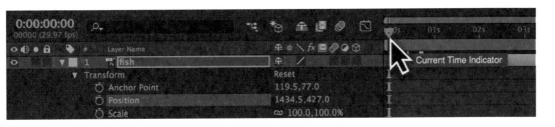

CTI（当前时间指示器）表示了当前所处的时间点。

6. 在 Timeline（时间轴）面板中，单击 Position（位置）属性旁边的 **stopwatch（时间变化秒表）** 图标 ⏱，此时将为 Position（位置）属性添加关键帧。关键帧以蓝色菱形样式出现在当前时间轴中。

单击 stopwatch（时间变化秒表）▶
图标，添加关键帧。它记录了鱼图
片在时间轴第 1 帧的位置。

7. 为了创建动画效果，需要时间向前持续一段。在时间轴中将 **CTI（当前时间指示器）** 移动到 **8 秒（08:00）**。

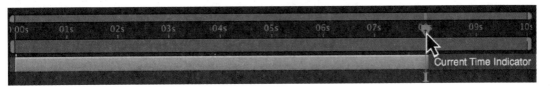

8. 单击并拖动鱼图片到 Composition（合成）面板图像区域的左侧。After Effects 会根据位置变化，自动在两个关键帧之间插值，而无需再次单击 stopwatch（时间变化秒表）图标。

◀ 将鱼图片放置在 Composition（合成）面板图像区域的左侧。After Effects 会在时间轴的 8 秒处自动生成新的关键帧。

运动路径（motion path）将体现在 Composition（合成）面板中，为一条从开始到结束来跟踪动画轨迹的虚线，代表时间轴的每一帧上鱼图片的位置。接下来为运动路径添加更多动作。

9. 将 **CTI（当前时间指示器）**移动到 **2 秒（02:00）**。

10. 在 Composition（合成）面板中，单击鱼图片并稍微向上移动。由于在某个时间点更改了位置，因此会自动生成新的关键帧。

11. 将 **CTI（当前时间指示器）**移动到 **4 秒（04:00）**。

12. 在 Composition（合成）面板中，单击鱼图片并稍微向下移动。

13. 将 **CTI（当前时间指示器）**移动到 **6 秒（06:00）**。

14. 在 Composition（合成）面板中，单击鱼图片并稍微向上移动。

15. 预览一下刚刚创建的动画。**Preview（预览）**面板是位于 Composition（合成）面板右侧的辅助面板，它包含类似于 DVD 控制器的图标按钮。单击 **Play/Stop（播放 / 停止）**按钮。

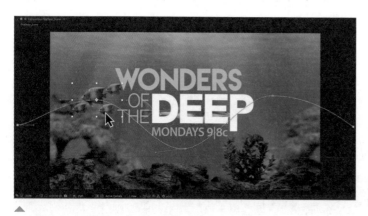

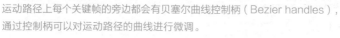

运动路径上每个关键帧的旁边都会有贝塞尔曲线控制柄（Bezier handles），通过控制柄可以对运动路径的曲线进行微调。

使用 Preview（预览）面板播放动画。可以设置快捷键，默认是 Space 键。

预览分为两方面。首先是 CTI（当前时间指示器）在时间轴上移动，在每个时间点加载内容。Time ruler（时间标尺）下方会出现一个绿色进度条，以此来表示已加载到内存（RAM）中的内容。当第一遍绿色进度条完成后，After Effects 就会实时播放动画。

让我们来复习一下。After Effects 使用**插值（interpolation）**填充两个关键帧之间的过渡帧。一旦通过单击属性旁边的 stopwatch（时间变化秒表）图标添加了关键帧，插值就会在不同时间点进行更改时自动完成。

16. 在 Timeline（时间轴）面板中选择 **shark[0000-0375].png** 图层，图层位于标题图层的下方。通常很难在 Composition（合成）面板中移动某个图层而又不会意外地移动到其他图层。

17. 单击打开图层名称左侧的 **Solo（独奏）**开关。此开关的作用是仅在 Composition（合成）面板中显示选定的图层，而隐藏其他所有图层。这是一个切换开关，不是打开就是关闭。

Video（视频）：打开或关闭可见性 ▶
Audio（音频）：打开或关闭音频
Solo（独奏）：仅显示所选图层
Lock（锁定）：锁定图层

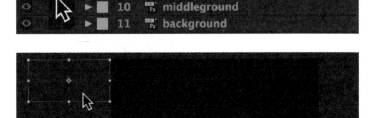

18. 将 **CTI（当前时间指示器）** 移动到**第 1 帧（00:00）**。

19. 单击并拖动鲨鱼素材，放置在 Composition（合成）面板左上角。这将是它的起始位置。

Transform（变换）属性对应的快捷键：Anchor Point（锚点）为 A 键，Position（位置）为 P 键，Scale（缩放）为 S 键，Rotation（旋转）为 R 键，Opacity（不透明度）为 T 键，所有属性为 U 键。

20. 按 **P** 键以仅显示 Position（位置）属性。每个 Transform（变换）属性都有一个快捷键，按后则只显示该属性，这有助于减少 Timeline（时间轴）面板中的混乱。

21. 单击 Position（位置）属性旁边的 stopwatch（时间变化秒表）图标以添加关键帧。

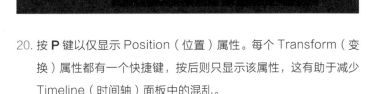

22. 将 **CTI（当前时间指示器）** 移动到 **8 秒（08:00）**。

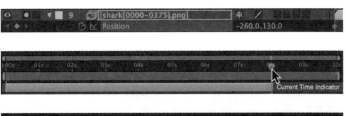

23. 单击并将鲨鱼素材拖动到 Composition（合成）面板的右上角。由于在不同的时间点更改了素材位置，因此会自动生成新的关键帧。

24. 再次单击 **Solo（独奏）** 开关将其关闭，在 Composition（合成）面板中显示所有图层。

25. 单击 Preview（预览）面板中的 **Play/Stop（播放 / 停止）** 按钮。鱼和鲨鱼的图片素材都将在场景中展现出来。

26. 选择 **File（文件）> Save（保存）** 菜单命令，保存项目文件。

空间插值

After Effects 会在空间（spatial）和时间（temporal）上进行插值，它的插值方法基于贝塞尔插值法。**空间插值（spatial interpolation）** 在 Composition（合成）面板中被视为运动路径，提供了控制柄，用于控制关键帧之间的过渡。默认使用的插值是**自动贝塞尔曲线（auto Bezier）**，这将创建从一个关键帧到下一个关键帧的平滑变化。

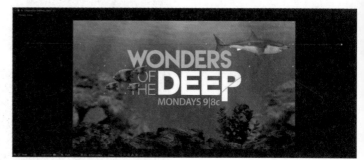

空间插值在合成面板中显示成运动路径 ▶

修剪图层

需要设置的最后一组关键帧用于标题。标题通常不会出现在第一帧上。After Effects 允许图层在 Composition（合成）面板中显示时进行更改。

1. 将 **CTI（当前时间指示器）** 移动到 **1 秒（01:00）**。

2. 在 Timeline（时间轴）面板中选择 **WONDERS Text/TheDeep_Title.ai** 图层。

3. 将光标放在 **WONDERS Text** 图层时间轴的左边缘。光标将变为双箭头，表示可以拖动它。

4. 单击并拖动 **WONDERS Text** 图层颜色条的**入点（set in point）**，以便在 **1 秒（01:00）** 处与 CTI（当前时间指示器）对齐。此操作被称为**修剪（trimming）**。如此 WONDERS 一词将在 1 秒时出现。

◀ "修剪"快捷键："**修剪入点至当前时间**"为 Option/Alt + [，"**修剪出点至当前时间**"为 Option/Alt +]。

5. 确保 CTI（当前时间指示器）位于 1 秒（01:00）。按 **S** 键以仅显示 **WONDERS Text** 图层的 Scale（缩放）属性。

6. 将原数值删去，然后设置为 **0%**。

7. 单击 Scale（缩放）属性旁边的 **stopwatch（时间变化秒表）**图标以添加关键帧。

8. 将 **CTI（当前时间指示器）**移动到 **2 秒（02:00）**。

9. 将 Scale（缩放）属性的数值重新设置为 **100.0%**，此时会自动生成关键帧。

10. 单击 Preview（预览）面板中的 **Play/Stop（播放 / 停止）**按钮，WONDERS 一词将从小变大。

11. 将 **CTI（当前时间指示器）**移动到 **2 秒（02:00）**。

12. 在 Timeline（时间轴）面板中选择 **DEEP Text/TheDeep_Title.ai** 图层。

13. 将光标放在 **DEEP Text** 图层时间轴的左边缘，光标变为双箭头。

14. 单击并拖动 **DEEP Text** 图层颜色条的**入点**，使其与 CTI（当前时间指示器）在 **2 秒（02:00）**处对齐，

快捷键为 **Option/Alt + [** 。

15. 按 **P** 键以仅显示 Position（位
置）属性。

16. 单击 Position（位置）属性旁边的 **stopwatch（时间变化秒表）**图标以添加关键帧。

17. 目前 DEEP 一词处于最后的位置。将 **CTI（当前时间指示器）**移动到 **4 秒（04:00）**。

18. 单击 Position（位置）属性
左侧的灰色菱形图标以添加关
键帧，而无需手动更改图层的
位置。

关键帧导航快捷方式：拖动 CTI（当前时间指示器）时按住 **Shift** 键，它将
捕捉到添加的关键帧。
按 **J** 键转到上一个关键帧，按 **K** 键以转到下一个关键帧。

19. 将 **CTI（当前时间指示器）**移
动到 **2 秒（02:00）**。

20. 单击并拖动 DEEP 一词至 Composition（合成）面板的底部。

21. 单击 **Play/Stop（播放 / 停止）**
按钮，可见 DEEP 一词将从
场景的底部向上移动。

22. 选择 **File（文件）> Save（保
存）**菜单命令，保存项目文件。

透明动画

"不透明度"属性的快捷键是 **T**。"不透明度"属性可以设置为 **0%**（透明）到 **100%**（不透明）。接下来通过为最后两个 Illustrator 图层设置透明动画来完成标题。

1. 将 **CTI（当前时间指示器）**移动到 **3 秒（03:00）**。

2. 在 Timeline（时间轴）面板中选择 **OF THE Text/TheDeep_Title.ai** 图层。

3. 修剪 **OF THE Text** 图层颜色条的入点，使其在 **3 秒（03:00）**处与 CTI（当前时间指示器）对齐。

4. 按 **T** 键以仅显示 **OF THE Text** 图层的 Opacity（不透明度）属性，并将其设置为 **0%**。

5. 单击 Opacity（不透明度）属性旁边的 **stopwatch（时间变化秒表）**图标以添加关键帧。

6. 将 **CTI（当前时间指示器）**移动到 **4 秒（04:00）**。

7. 将 Opacity（不透明度）属性的数值重新设置为 **100%**。

8. 确保 **CTI（当前时间指示器）**位于 **4 秒（04:00）**。在 Timeline（时间轴）面板中选择 **TIME Text/TheDeep_Title.ai** 图层。

9. 修剪 **TIME Text** 图层颜色条的入点，并在 **4 秒（04:00）**处与 CTI（当前时间指示器）对齐。

10. 按 **T** 键以仅显示 **TIME Text** 图层的 Opacity（不透明度）属性，并将其设置为 **0%**。

11. 单击 Opacity（不透明度）属性旁边的 **stopwatch（时间变化秒表）**图标以添加关键帧。

12. 将 **CTI（当前时间指示器）**移动到 **5 秒（05:00）**。

13. 将 Opacity（不透明度）属性的数值重新设置为 **100%**。

14. 单击 **Play/Stop（播放 / 停止）**按钮，查看标题动画效果。

15. 选择 **File（文件）> Save（保存）**菜单命令，保存项目文件。

时间插值

时间插值（temporal interpolation）是指关键帧之间的值随时间的变化。读者可以确定该值是保持恒定的速度、加速或减速。时间轴中使用的默认时间插值是**线性（Linear）**的，这意味着数值以恒定的速度变化。

在完成这个练习之前，还有一个功能需要讨论：关键帧辅助。**关键帧辅助（keyframe assistant）**可以自动降低进出关键帧的速度。因为在现实生活中没有任何东西会以恒定的速度运动，所以缓入缓出为对象提供了更真实的运动。

After Effects 提供了三种类型的"关键帧辅助"命令：Easy Ease（缓动）、Easy Ease In（缓入）和 Easy Ease Out（缓出）。Easy Ease（缓动）会同时平滑关键帧的进出插值。下面通过练习实例介绍关键帧辅助功能。

1. 在 **DEEP Text/TheDeep_Title.ai** 图层中选择 **Position（位置）** 属性。这会将该属性的所有关键帧选中。

2. 接着选择 **Animation（动画）> Keyframe Assistant（关键帧辅助）> Easy Ease（缓动）** 菜单命令。关键帧在 Timeline（时间轴）上的图标由菱形变为沙漏形。

3. 对其他的标题图层重复上述两个步骤。首先单击各图层的变换属性来选中所有关键帧，然后选择 **Animation（动画）> Keyframe Assistant（关键帧辅助）> Easy Ease（缓动）** 菜单命令。

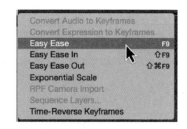

快速回顾一下添加关键帧的基本过程。每个图层都具有变换属性，包括 Scale（缩放）、Position（位置）和 Opacity（不透明度）等。用户可以通过单击 stopwatch（时间变化秒表）图标为每个属性添加关键帧。After Effects 会自动添加在不同时间点做出更改的新关键帧。

下一个练习的重点是将视觉效果应用于项目，这是 After Effects 众所周知的功能。After Effects 可以通过效果增强、转换、甚至扭曲视频图层和音频图层，充满了无穷的可能性。

2.6 练习 3：添加效果

这就是 After Effects 真正闪耀的地方。一旦体验过应用效果是多么容易，就不会想要停下来。After Effects 附带了数百种效果，用户可以添加效果的任意组合并修改每个效果中包含的属性。唯一的限制将是用户的创造力。

效果用于增强 After Effects 中的项目，它们的范围从简单的阴影到复杂的三维粒子系统。在本练习中，将应用 3 种效果：粒子效果、色调效果和置换图效果。这些效果将为用户的动态设计项目增添最后的润色。

添加粒子效果

1. 确保 Timeline（时间轴）面板处于选择状态。选择 **Layer（图层）> New（新建）> Solid（纯色）** 菜单命令，弹出 **Solid Settings（纯色设置）** 对话框。一个实体图层（solid layer）就是一块颜色区域。

创建实体图层的快捷键是 **Command + Y**（Mac）或 **Ctrl + Y**（Windows）。

2. 设置 Name（名称）为 **Bubbles**。

3. 单击 **Make Comp Size（制作合成大小）** 按钮。

4. 单击 **OK（确定）** 按钮。实体图层的颜色无关紧要。

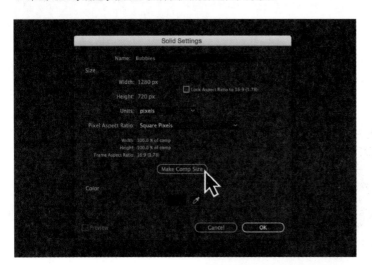

◀ 所有实体图层都存储在 Project（项目）面板的 **Solids** 文件夹中。创建第一个实体图层时会自动生成此文件夹，用户创建的任何新实体图层也将存储在这个文件夹中。

5. 将前面创建的 **Bubbles** 实体图层置于 **foreground** 图层的下方。

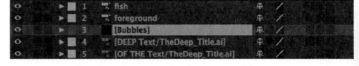

Effects & Presets（效果和预设）面板位于 Composition（合成）面板的右侧。所有效果都存储在 After Effects 应用程序文件夹的 Plug-Ins 文件夹中。Effects & Presets（效果和预设）面板根据功能对效果进行了分类。

6. 在 Effects & Presets（效果和预设）面板的文本框中输入 **Foam（泡沫）**，此时将显示效果列表中匹配到的项目。

7. 要将 Foam（泡沫）效果应用于实体图层，可单击并将该效果拖动到 Timeline（时间轴）面板中的 **Bubbles** 实体图层上，然后释放鼠标左键。

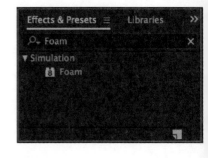

8. 效果会自动应用。此时 Composition（合成）面板中的纯色消失，并在中间显示为红色圆圈。单击 **Play/Stop（播放 / 停止）** 按钮，查看 Foam（泡沫）效果。

Foam（泡沫）是一种粒子生成器，用来制造气泡。

气泡的线框轮廓来自 Composition（合成）面板中心的红色圆圈。Foam（泡沫）效果产生的气泡会流动、碰撞或跳动。应用效果时，Effect Controls（效果控件）面板将作为 Project（项目）面板前面的新面板打开，面板中包含了效果相关的一系列属性。接下来用 Foam（泡沫）属性来改变动态设计和视觉风格。

9. 在 **Effect Controls（效果控件）**面板上单击 **Producer（制作者）**属性左侧的箭头图标，可以设置气泡的产生。将 **Producer Point（产生点）**设置为 **640.0, 720.0**，这会将产生点的垂直位置更改到 Composition（合成）面板的底部。

10. 单击 **Bubbles（气泡）**属性左侧的箭头图标，可以设置气泡的 Size（大小）和 Lifespan（寿命）。将 **Size（大小）**设置为 **0.200**，这会使气泡变小。

11. 单击 **Physics（物理学）**属性左侧的箭头图标，可以设置气泡移动的速度，以及它们之间的距离。在此进行以下设置：

- Initial Speed（初始速度）：**5.000**

- Wind Speed（风速）：**1.000**

- Wind Direction（风向）：**0×　+0.0°**

- Viscosity（黏度）：**1.000**

- Stickiness（黏性）：**1.000**

如果看不到 Effect Controls（效果控件）面板，可选择 **Effect（效果）> Effect Controls（效果控件）**菜单命令。

12. 单击 **Rendering（正在渲染）**属性左侧的箭头图标，可以设置气泡的视觉效果。将 **Bubble Texture（气泡纹理）**属性由 Default Bubble（默认气泡）更改为 **Spit（小雨）**。

13. 要查看设置完成后的效果，需要在 Effect Controls（效果控件）面板顶部的 View（视图）属性中选择 **Rendered（已渲染）**。

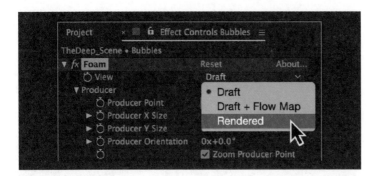

将 View（视图）属性由 Draft（草图）更改为 Rendered（已渲染），以在 Composition（合成）面板中更好地呈现效果。

添加色调效果

设计师经常会需要调整合成中一个或多个图层的颜色。对于这个项目来说，鲨鱼素材并没有与背景完美融合，通过简单的色彩校正可以帮助解决这个问题。接下来，将使用 Tint（色调）效果来更改图层的 RGB 颜色。

1. 在 Timeline（时间轴）面板中选择 **shark[0000-0375].png** 图层。

2. 在 Effects & Presets（效果和预设）面板的文本框中输入 **Tint（色调）**，此时将显示效果列表中匹配到的项目。

3. 将 Tint（色调）效果应用于鲨鱼素材。可直接将该效果拖动到 Timeline（时间轴）面板中的 **shark[0000-0375].png** 图层上。

4. 在 Effect Controls（效果控件）面板中单击 **Map White To（将白色映射到）** 属性后的色块，弹出 Map White To（将白色映射到）对话框。

5. 在对话框中设置 RGB 的值分别为 **R:30, G:135, B:185**。单击 **OK（确定）** 按钮。

Tint（色调）效果可将颜色替换为 Map Black To（将黑色映射到）和 Map White To（将白色映射到）属性指定的颜色。

6. 将 **Amount to Tint（着色数量）**设置为 **75%**。此时鲨鱼素材的颜色与水下场景能更好地融合在一起。

设计师经常需要调整 After Effects ▶
项目中一个或多个图层的颜色。

创建调整图层

After Effects 中的调整图层（adjustment layer）就像 Photoshop 中的一样，用来放置效果而不是素材。调整图层中的效果将会应用于其下方的所有图层。

1. 选择 Timeline（时间轴）面板，使其突出显示。

2. 选择 **Layer（图层）> New（新建）> Adjustment Layer（调整图层）**菜单命令。将添加的调整图层放置在 Timeline（时间轴）面板各图层的顶部。

添加置换图效果

使用 **Noise.mov** 素材来创建水下的动态效果。这是使用 Displacement Map（置换图）效果完成的。Displacement Map（置换图）效果将根据 Noise 影片素材中的明亮度（亮度和暗度）变化来使画面像素产生位移。

1. 将 **Noise.mov** 文件从 Footage 文件夹导入 Project（项目）面板。

2. 单击并将 **Noise.mov** 素材拖动到 Timeline（时间轴）面板中各图层的底部，它将隐藏在 background 图层之下。这样操作是没有问题的，因为效果只需要访问变化的灰度信息。

3. 在 Effects & Presets（效果和预设）面板的文本框中输入 **Displacement Map（置换图）**。

4. 在 Timeline（时间轴）面板上单击并将 Displacement Map（置换图）效果拖动到 **Adjustment Layer 1（调整图层 1）**图层，释放鼠标左键。

Displacement Map（置换图）效果需要使用 **Noise.mov** 图层中的灰度信息来扭曲图层中的像素。浅色区域将向上和向右移动像素，深色则正好相反。由于此影片素材中的灰度信息不断变化，因此画面像素位移也会随着时间的推移而变化。

5. 在 Effect Controls（效果控件）面板中，进行以下设置：

- 将 Displacement Map Layer（置换图层）设置为 **Noise.mov** 图层
- Use for Horizontal Displacement（用于水平置换）：**Luminance（明亮度）**
- Max Horizontal Displacement（最大水平置换）：**7.0**
- Use for Vertical Displacement（用于垂直置换）：**Luminance（明亮度）**
- Max Vertical Displacement（最大垂直置换）：**7.0**

在 Effect Controls（效果控件）面板中进行设置。该效果基于图层明亮度的变化使画面像素在水平和垂直方向产生位移。

6. 单击 **Play/Stop（播放 / 停止）**按钮，查看位移效果。

7. 还有一个小问题。**background** 图层的边缘也会发生扭曲，使下面的黑色显露了出来。要解决此问题，需要选择 **background** 图层。

8. 按 S 键以仅显示 Scale（缩放）属性，然后将其设置为 **102%**。此时边缘扭曲发生在 Composition（合成）面板图像区域之外。

通过缩放 **background** 图层以使 Displacement Map（置换图）效果引起的边缘扭曲隐藏。

9. 将 **middleground** 和 **foreground** 图层的 Scale（缩放）属性也设置为 **102%**，以隐藏它们的边缘失真。

10. 单击 **Play/Stop（播放 / 停止）**按钮，查看最终效果。

11. 选择 **File（文件）> Save（保存）**菜单命令，保存项目文件。

用 Displacement Map（置换图）效果模拟水下场景中扭曲的光线。

2.7 练习 4：嵌套合成

现在第一个动态设计项目差不多完成了。工作流程的下一个步骤是构建最终的合成，仍然使用前面构建的合成来执行此操作。After Effects 允许将一个合成作为单个图层放在另一个合成中，这被称为**嵌套合成**（**nesting composition**），可视为将图层组合在一起。

1. 通过在 Project（项目）面板中双击，打开在本章练习开头（2.4 节）创建的 **Comp_WondersDeep** 合成。

打开本章练习创建的第一个合成。 ▶

2. 单击并将 **TheDeep_Scene** 合成从 Project（项目）面板拖动到 Timeline（时间轴）面板。刚刚在另一个合成内部嵌套了一个合成。

3. 选择 **File（文件）> Import（导入）> File（文件）**菜单命令，打开 Import File（导入文件）对话框。

4. 在 Import File（导入文件）对话框中，找到 **Chapter_02 \ Footage** 文件夹，选择 **GoExplore.mov** 文件，单击 **Open（打开）**按钮。

5. 单击导入的素材，将其拖动到 Timeline（时间轴）面板，并置于 **TheDeep_Scene** 图层的上方。

6. 注意到素材的持续时间短于合成的持续时间。将 **GoExplore.mov** 图层颜色条的右端对齐到 Timeline（时间轴）的末尾。

7. 选择 **File（文件）> Import（导入）> File（文件）**菜单命令，打开 Import File（导入文件）对话框。

8. 在 Import File（导入文件）对话框中，选择 **Chapter_02 \ Footage** 文件夹下的 **InkBlot_Transition. mov** 文件，单击 **Open（打开）**按钮。

9. 单击导入的素材，将其拖动到 Timeline（时间轴）面板，并置于 **GoExplore.mov** 图层的上方。

10. 将 **InkBlot_Transition.mov** 图层颜色条与 **GoExplore.mov** 图层颜色条对齐。接下来将利用轨道遮罩，通过墨迹动画来显示其下方的 GoExplore 标志图层。

创建轨道遮罩

轨道遮罩（track matte）是利用一个图层的透明度来显示其下方的另一个图层。在这个练习中，将使用墨迹动画作为轨道遮罩来展示 GoExplore 标志图层。下方的图层（GoExplore 标志）将通过轨道遮罩图层（墨迹动画）中某些通道的值而显示出来，即其 Alpha 通道或其像素的亮度（灰度）值。

1. 在 Timeline（时间轴）面板中选择 **GoExplore.mov** 图层。

2. 单击 Timeline（时间轴）面板底部的 **Toggle Switch/Modes（切换开关 / 模式）**按钮。

3. 在 **GoExplore.mov** 图层的 Track Matte（轨道遮罩）下拉列表中，通过选择 **Luma Matte "InkBlot_Transition.mov"（亮度遮罩 "InkBlot_Transition.mov"）**选项来定义轨道遮罩的透明度。

4. 单击 **Play/Stop（播放 / 停止）**按钮，查看轨道遮罩的效果。当墨迹动画中像素的亮度值为 100%（白色）时，Luma Matte（亮度遮罩）显示出 GoExplore 标志图层。选择 **File（文件）> Save（保存）**菜单命令，保存项目文件。

▲
将轨道遮罩应用于 **GoExplore.mov** 图层，即可使其以某种方式显示出来。

2.8 练习 5：渲染输出

到目前为止合成已经构建完成，图层也已经就位了。其中一些图层在 Composition（合成）面板中已被设置了动画，会在上面应用视觉效果。现在是时候看到之前所有的努力是如何保存到视频短片里的了。本练习重点介绍如何将合成渲染为视频文件。After Effects 在项目中呈现合成，并可以将其渲染输出为多种文件格式。

1. 确保 Timeline（时间轴）面板中的 **Comp_WondersDeep** 合成仍处于打开状态。

2. 选择 **Composition（合成）> Add to Render Queue（添加到渲染队列）**菜单命令，这将打开

Render Queue（渲染队列）面板。它取代了 After Effects 工作区中的 Timeline（时间轴）面板。

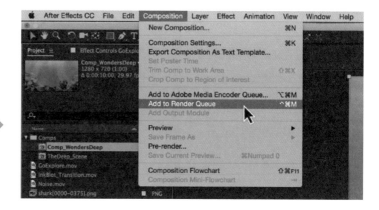

将合成添加到 Render Queue ▶
（渲染队列）就可以直接在 After
Effects 中进行渲染。
Adobe Media Encoder 也可用
于合成的渲染。

3. 在 Output To（将影片输出到）对话框中，选择硬盘上的路径作为存放导出视频文件的位置。如果未出现
   此对话框，可单击 Output To（输出到）属性右侧的 **Comp_WondersDeep.mov**。

4. 单击 Output Module（输出模块）属性右侧的 **Lossless（无损）**，打开 Output Module Settings（输
   出模块设置）对话框。

5. 将 Format（格式）设置为 **QuickTime**。

6. 单击 **Format Options（格式选项）** 按钮 ▣Format Options▣。

7. 在弹出的对话框中，将 Video Codec（视频编解码器）设置为 **H.264**，然后单击 **OK（确定）** 按钮关闭对
   话框。

将视频编解码器设置为 H.264 或 ▶
MPEG-4。
建议 H.264 用于高清（HD）视频。
MPEG-4 在文件大小与画质的权
衡中是个高性价比的选择，通常应
用于数字电视、动画图形和网页。

8. 单击 **OK（确定）** 按钮关闭 Output Module Settings（输出模块设置）对话框。

9. 单击面板右侧的 **Render（渲染）** 按钮。这个动态设计作品就会开始渲染。

Render Queue（渲染队列）面板会提供反馈，例如当前正在渲染的帧，以及剩余的时间。渲染完成后，在 After Effects 中的第一个动态设计项目就完成了！

10. 选择 **File（文件）> Save（保存）** 菜单命令，保存项目文件。

11. 在输出位置上找到并播放渲染出的 QuickTime 影片。

本章小结

After Effects 的动态设计学习之旅已经开启。本章介绍了 After Effects 的工作区和工作流程，章节练习介绍了创建基本的动态设计项目所需要的步骤。在剩余的章节中将会深入探讨 After Effects 项目的多样性。

After Effects 工作区回顾

工作区	需要记住的关键点
Project（项目）面板	用它来组织导入的文件。搜索功能允许快速查找嵌套在文件夹中的素材
Composition（合成）面板	用它来撰写和预览项目。在 Composition（合成）面板图像区域以外的工作空间将不渲染像素，只呈现边界框
Timeline（时间轴）面板	用它来控制图层堆叠顺序。可以通过各个 Transform（变换）属性对图层进行动画处理

After Effects 工作流程回顾

工作流程	需要记住的关键点
创建项目	一次只能打开一个项目文件
导入素材	导入的素材文件未嵌入项目
添加关键帧	可以通过单击各个 Transform（变换）属性旁边的 stopwatch（时间变化秒表）图标来添加关键帧。After Effects 可对空间和时间的编辑进行插值
添加效果	After Effects 提供了数百种效果，可以使用无数种方式来组合它们
渲染输出	可以将合成渲染输出为多种视频文件

第 3 章

动态文本

文字排版是大多数设计项目的主要内容。使用 After Effects，能够让静态文本活动起来，在屏幕上来回移动，或者淡入淡出。应用运动和视觉效果有助于强化屏幕上的文字背后想要传达的信息。本章将介绍 After Effects 中的文本图层，并展示如何应用基本的移动来创建多种文本动画。

学习完本章后，读者应该能够了解以下内容：

- 版面设计的专业术语和限制
- 在 After Effects 中创建文本图层
- 设置文本动画的步骤
- 将文本动画应用于文本图层
- 使用"文本选择器"为单个字符设置动画

3.1 版面设计专业术语

版面设计（typography）是一门通过安排字母和字符来传达信息的艺术。在创建动态设计项目时，它永远不应被忽视。设计师需要仔细选择字体、字号，以及单行文本和多行段落的适当行宽及间距。这看起来似乎都是琐碎的细节，但是对字体、字母甚至标点符号排列的最细微调整也会极大地影响信息的传达方式和效果。

字体剖析

字体是有同一设计的一组字符。这些字符包括字母、数字、标点符号和符号。就像我们身体里的骨骼一样，字母的每个部分都有自己的特殊术语。以下是一些常见的字体术语及其定义。

- **基线（baseline）**：字母所位于的一条隐形的线。

- **大写字高（cap height）**：从基线到大写字母顶部的距离。

- **x-字高（x-height）**：小写字母主体的高度。

- **字臂（bar）**：字母中的水平笔画。

- **字干（stem）**：字母中主要的竖直笔画或倾斜笔画。

- **升部（ascender）**：字母中位于 x 字高之上的部分。

- **降部（descender）**：字母中位于基线以下的部分。

- **字碗（bowl）**：字母中的弯曲部分，可以是闭合的，也可以是开口的。

- **字怀（counter）**：字母内完全或部分封闭的空间。

- **字肩（shoulder）**：像 h、m、n 中的曲线笔画。

- **圈（loop）**：基线下方闭合的字怀部分。

常见的字体术语。

字体的分类

　　字体根据是否使用衬线来进行分类。**衬线（serif）**是附着在字母或符号笔画末端的一条细小的线或韵脚。两种主要的类型被称为衬线体（serif）和无衬线体（sans serif），其他分类包括板衬线体（slab serif）、哥特体（blackletter）、花式手写体（script）和装饰体（decorative）等。

衬线体
Garamond
Times

无衬线体
Helvetica
Futura

板衬线体
Courier
Bitter

花式手写体
Brush Script
Snell Roundhand

装饰体
ROSEWOOD
STENCIL

哥特体
Blackletter

常见的字体分类。▶

字体字型

　　"字体"和"字型"这两个词通常可以互换使用，但也是有区别的。**字体（typeface）**是由文字设计者创造的，用于描述字符的整体外观及表达美感。每种字体都有一个名称，例如 Helvetica、Arial、Times New Roman 等。**字型（font）**是字体的数字化表现，它是使用计算机代码生成的字体中特定字符样式的文件。

　　有些字体（如 Helvetica），在字重和字宽上就有许多种变化。**字重（weight）**是指字母或字符的笔画粗细，**字宽（width）**是指整个字母或字符的宽度。设计师经常会看到一个字体/字型所有的这些变化聚集在一起，这就被称为**字体集（font family）**。字体也有不同的文件格式。

design
design
design
design
design

▲
字重是指字母或字符的笔画粗细。

字体格式

　　读者如果曾经下载过字体，可能会发现有几种字体格式可以选择，这会使人有些迷惑。三种最常见的字体格式是 PostScript、TrueType 和 OpenType。

- PostScript：此格式是由 Adobe 为 Mac 开发的。每种字体由两个文件组成——用于在计算机屏幕上显示字体位图信息的文件，以及用于打印字体轮廓信息的文件。

- TrueType：此格式是 Windows 操作系统的标准格式。它是由 Apple 和 Microsoft 共同开发的，目的是创造适用于 Mac 和 Windows 两种操作系统的字体。不同的样式（如 normal、bold、italic、 bold italic）都需要不同的文件。TrueType 格式通常用于商务办公，并且在不同的操作系统上呈现方式也不同。

常见的字体格式包括 PostScript、TrueType 和 OpenType。

- OpenType：这是一种比 TrueType 更新的字体格式，Mac 和 Windows 操作系统都支持它。OpenType 格式是在一个文件中包含所有轮廓和位图数据。它在不同的操作系统上呈现相同的效果，还提供包括连字的扩展字符集。

设计师也有**网络字体（web fonts）**可供选择，这些字体是专门为在网站上使用而创建和优化过的。在线资源网站如 Google Fonts 和 Adobe Typekit 等提供了多种字体可供选择。除了实际的资源之外，设计师必须以不同于印刷设计的方式来处理排版，因为一些常见的打印最佳实践并不能很好地应用在屏幕设计上。

Adobe Typekit 提供了针对屏幕优化的各种字体。

3.2 字体在屏幕上的显示

计算机屏幕是由**像素（pixels）**组成的，这些微小的颜色单位被组合在一起形成图像。生成的图像往往是真实感越强，文件越大。基于像素的图像会依赖于分辨率。如果过度放大，像素网格就会变得明显。

锯齿现象

混叠（aliasing）在提高屏幕字体显示的易读性和美观性方面发挥了重要作用。然而，混叠也会影响字体中的对角线和曲线，并将它们显示为一系列由横线和竖线组成的锯齿。**抗锯齿处理（anti-aliasing）**将沿着字母或字符的边界向像素添加阴影，以生成平滑的轮廓边缘。

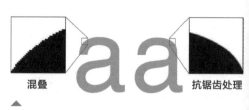

文本在混叠及抗锯齿处理下的显示。

由抗锯齿处理产生的像素阴影在 12 号或更大的字号下运行良好。当字号小于 12 号时，可能会显得柔和或模糊，这会影响字符的易读性，进而影响单词的可读性。对于屏幕上的较小字体来说，无衬线体通常更好。含有衬线或粗细笔画的字体，当屏幕上的字体过小时，将会被拆分开。

有一些在屏幕上显示效果较好的字体，如 Arial、Verdana、Georgia、Times New Roman 等都是考虑到屏幕显示的局限性而设计的。选择字体时，需要选择具有较大 x-字高的字体，这可以防止诸如"e"这样的小写字母笔画被拆分开而变得不可读。x-字高大的字体会使字母看起来更大。

对于屏幕上较小的字体，建议使用无衬线字体，平整的笔画有助于提高清晰度（如左侧图像）。

衬线字体（如右侧图像）往往会被显示得支离破碎，产生影响易读性的视觉噪声。

字距调整

有时候将一些字母组合在一起时，字母间的默认距离呈现出的排版效果会不理想。**字偶间距（kerning）** 是指在两个字母或其他字符之间的空间量。设计师可以调整这个空间，以避免不合适的外观间隙对易读性产生不好的影响。设计师要将注意力专注于字母之间的感知空间，而不是它们之间的实际距离。字体排版设计的目的是让文字在屏幕上看起来美观和谐，而不是追求字母之间拥有相等的距离。

字偶间距用于调整字母之间的距离，这是为了提高一个单词整体的可读性。

设计时要避免字母之间使用相等距离。

3.3 字体与信息传达

字体可以建立情绪，用来补充视觉主题的整体感。衬线体可以表达出古典、浪漫、优雅或正式的感觉，无衬线体可以用来表达现代、干净、简约或友好的感觉。

除此之外，还需要考虑字体的层次结构。字宽和字重有助于实现这种层次感。在一个动态设计项目中一般仅使用一两种字体。在需要时可以通过颜色和样式突出重点，而不是添加更多的字体。

classic (Garamond)
romantic (Caslon)
elegant (Baskerville)
formal (Times)

modern (Helvetica)
clean (Tahoma)
minimal (Avenir)
friendly (Gill Sans)

字体可以唤起某种情绪或感觉，迎合视觉主题，为设计增加整体感。

用动态效果增强信息

动态排版（kinetic typography）是指使字体产生运动。它采用了动画原理和技术，使字母文本在屏幕上增长和缩小，以增强通过字体传达的语气和情感，通常被用于电影标题设计、广告、音乐视频等各种内容。

◀ 动态排版使用动画来增强通过字体
所要传达的信息、语气和情感。

索尔·巴斯（Saul Bass）在1959年阿尔弗雷德·希区柯克（Alfred Hitchcock）导演的电影《西北偏北》（*North by Northwest*）中首次使用了动态排版。在片头的演职人员字幕中，字体会随着电影中主人公的旅程在屏幕中上下移动。

要使字体产生运动，可以在After Effects中利用变换属性和动画选项在合成中直接创建文本动画图层。本章的练习会使用多种效果和动画技术为动态设计项目创建各式各样的文本动画样式，并提供了设置文本动画的提示和技巧。

3.4 在 After Effects 中创建文本图层

在After Effects的文本图层中可以添加一系列的"文本动画器"（text animators），用于设置动画并控制动画效果。文本在After Effects中是基于矢量的，因此可以在不降低质量的情况下对其进行缩小和放大。乍看之下，带有"文本动画器"的Text（文本）属性还是有点令人生畏的，但学习完本章的练习后就会发现，在After Effects中设置文本动画就像使用ABC一样简单。

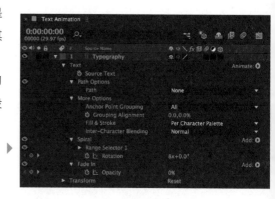

在文本图层中，可以在Text（文本）属性下添加多种"文本动画器"。除此之外，文本图层还提供了与其他图层相同的Transform（变换）属性。 ▶

向合成中添加文本是一个简单的过程。在Tools（工具）面板中选择**Type Tool（文字工具）**，单击Composition（合成）面板中的任意位置，然后输入文字。完成后按数字键盘上的Enter键退出文本编辑模式；如果按主键盘上的Return/Enter键，光标将下移一行。此外，也可以单击Composition（合成）面板外的任何位置，或者在输入完成后选择其他工具如Selection Tool（选取工具）等，退出文本编辑模式。

文字工具有两种：Horizontal Type Tool（横排文字工具）和Vertical Type Tool（直排文字工具）。 ▶

单击 Composition（合成）面板时，文本的插入点将出现在光标所在的位置。如果要将文本居中，可以选择 **Layer（图层）> New（新建）> Text（文本）** 菜单命令，After Effects 会将插入点置于 Composition（合成）面板图像区域的中心，文本也会被设置为居中对齐。文本图层将自动创建，并显示在 Timeline（时间轴）面板中，但它不会出现在 Project（项目）面板中。

After Effects 中的文本分为两类：Point Text（点文本）和 Paragraph Text（段落文本）。当使用 Type Tool（文字工具）在 Composition（合成）面板中单击时，创建的是点文本。点文本的每一行都是一个连续的文本块，只有按 **Return/Enter** 键时才会创建新的一行。当使用 Type Tool（文字工具）在 Composition（合成）面板中单击并拖动时，创建的是段落文本。段落文本会自动将文字换行，文本定界框是根据创建时所拖动鼠标的距离来定义的。

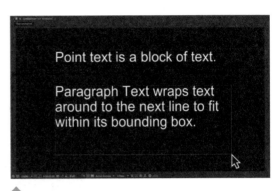

Point Text（点文本）是一个文本块。
Paragraph Text（段落文本）自动使文字在文本定界框内对齐。

如果需要，可以使用 **Type Tool（文字工具）** 来调整段落文本定界框的大小，方法是单击并拖动定界框上的一个手柄。拖动时按住 **Shift** 键可约束定界框的长宽比例。

双击 Composition（合成）面板中的文本图层将选中所有文本（选中的文本会高亮显示），并切换到 Type Tool（文字工具）。选中文本后，可以使用 Character（字符）和 Paragraph（段落）面板调整文本的属性，如字体大小和对齐方式等。默认情况下，这两个面板在创建文本图层时会打开。调整时可以选中所有文本或只选中某些字符，所做的设置仅影响高亮显示的文本或字符。

3.5 练习 1：制作文本图层动画

1. 启动 After Effects 并创建一个新项目。选择 **File（文件）> New（新建）> New Project（新建项目）** 菜单命令。

2. 选择 **Composition（合成）> New Composition（新建合成）** 菜单命令，在弹出的对话框中进行以下设置：

   • Composition Name（合成名称）：**Supernova Text**

- Preset（预设）：**HDV/HDTV 720 29.97**

- Duration（持续时间）：**0:00:05:00（5 秒）**

- 单击 **OK（确定）**按钮

Timeline（时间轴）面板中的文本图层会以输入的文字命名，可以像更改任何图层名称一样更改其名称。单击图层名称后按 Return/Enter 键可重命名图层。

3. 选择 **Layer（图层）> New（新建）> Text（文本）**菜单命令，After Effects 将插入点置于 Composition（合成）面板图像区域的中心。输入 **SUPERNOVA**，在合成中创建文本图层并显示在 Timeline（时间轴）面板中。

4. 双击文本图层将其全部选中。在 Character（字符）面板中将字体设置为 **Arial Black**，字体大小设置为 **72** px（像素），颜色设置为白色；在 Paragraph（段落）面板中将对齐方式设置为居中对齐。

5. 可以注意到字母 V 和 A 的间距不够理想。使用 **Type Tool（文字工具）**在两个字母之间单击。

6. 按住 Option/Alt 键并按 ← 键 4 次，以收紧两个字母的间距。这是一组用于调整字符间距的快捷键。

7. 在 Tools（工具）面板中选择 **Selection Tool（选取工具）**。

8. 在 Timeline（时间轴）面板中单击 **SUPERNOVA** 文本图层左侧的箭头图标以显示其属性。属性有两种：Text（文本）属性和 Transform（变换）属性。单击 Transform（变换）属性左侧的箭头图标显示子属性：Anchor Point（锚点）、Position（位置）、Scale（缩放）、Rotation（旋转）和 Opacity（不透明度）。

9. 图层的 Anchor Point（锚点）属性会影响它的缩放和旋转方式，是计算所有变换属性的起点。将 Anchor Point（锚点）设置为 **0.0，−24.0**，此时图层锚点◆的垂直位置从文本基线更改为文本中心。

10. 将 **CTI（当前时间指示器）**移动到 **2 秒（02:00）**。单击 Position（位置）、Scale（缩放）、Rotation（旋转）属性旁边的 stopwatch（时间变化秒表）图标，为当下的每个属性添加关键帧。

11. 按 Home 键将 **CTI（当前时间指示器）**移动到 Timeline（时间轴）的开头**（00:00）**。对 Transform（变换）属性进行以下设置：

- 将 Scale（缩放）设置为 **900%**

- 将 Rotation（旋转）设置为 **−30.0°**

12. 在 Composition（合成）面板中重新定位文本。单击并将文本向窗口的右下角拖动。

13. 单击 Preview（预览）面板中的 **Play/Stop（播放 / 停止）按钮**，可见文本从 Composition（合成）面板的右下角移动到图像区域的中心。变换属性会作用于整个文本图层，类似于合成中的其他素材图层。

14. 确保在 Timeline（时间轴）面板中选择了文本图层。在 Character（字符）面板中单击颜色图标，将填充颜色设置为 **R:230, G:110, B:255**，然后单击 **OK（确定）按钮**。

15. 接下来添加模糊效果。将 **CTI（当前时间指示器）** 移动到 **2 秒（02:00）** 处，以便可以更好地看到效果。

16. 选择 **Effect（效果）> Blur & Sharpen（模糊和锐化）> CC Radial Fast Blur** 菜单命令。

17. 此时打开 Effect Controls（效果控件）面板。将 Amount（数量）设置为 **100.0**（这会增强模糊效果，使文本看起来像发光一样），然后单击旁边的 **stopwatch（时间变化秒表）** 图标以添加关键帧。

18. 将 **CTI（当前时间指示器）** 移动到 **4 秒（04:00）**。在 Effect Controls（效果控件）面板中，将 Amount（数量）更改为 **5.0**。

19. 在 Timeline（时间轴）面板中选择文本图层。按 **U** 键显示具有关键帧设置的所有属性。使用此快捷键有助于减少 Timeline（时间轴）面板中的混乱。

20. 在 Timeline（时间轴）上单击并拖曳鼠标，框选所有关键帧。

21. 选择 **Animation（动画）> Keyframe Assistant（关键帧辅助）> Easy Ease（缓动）** 菜单命令。关键帧在 Timeline（时间轴）上的图标由菱形变为沙漏形 ▼。

  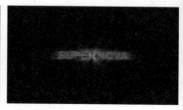

▲

将时间轴上所有的关键帧选中，并对它们应用 Easy Ease（缓动）操作以使动画平滑。

22. 单击 Preview（预览）面板中的 **Play/Stop（播放 / 停止）**按钮。可以看到动画效果类似于理查德·格林伯格（Richard Greenberg）设计的电影《超人》（*Superman*）的开场演员表，那么现在缺少的就是星空了，接下来使用实体图层和效果进行添加。

23. 选择 **Layer（图层）> New（新建）> Solid（纯色）**菜单命令（快捷键是 **Command**（Mac）/ **Ctrl**（Windows）**+ Y**），弹出 Solid Settings（纯色设置）对话框。然后进行以下设置：

- 设置 Name（名称）为 **Starfield**

- 单击 **Make Comp Size（制作合成大小）**按钮

- 将 Color（颜色）设置为**白色**

- 单击 **OK（确定）**按钮

24. Timeline（时间轴）面板和 Composition（合成）面板中会出现一个实体图层。在 Timeline（时间轴）面板中将 **Starfield** 实体图层置于 **SUPERNOVA** 文本图层的下方。

25. 确保在 Timeline（时间轴）面板中选择了 **Starfield** 实体图层。选择 **Effect（效果）> Simulation（模拟）> CC Star Burst** 菜单命令，此时将会生成一个星空动画效果。然后在 Effect Controls（效果控件）面板中进行以下设置：

- 将 Speed（速度）设置为 **0.20**

- 将 Size（大小）设置为 **20.0**

26. 接下来添加一个镜头光晕，以在背景中形成一个超新星效果。选择 **Layer（图层）> New（新建）> Solid（纯色）**菜单命令，弹出 Solid Setting（纯色设置）对话框。然后进行以下设置：

- 设置 Name（名称）为 **Lensflare**

- 单击 **Make Comp Size（制作合成大小）**按钮

- 将 Color（颜色）设置为**黑色**

- 单击 **OK（确定）** 按钮

27. 在 Timeline（时间轴）面板中将 **Lensflare** 实
体图层置于 **Starfield** 文本图层的下方。

28. 将 **CTI（当前时间指示器）** 移动到 **3 秒（03:00）**。

29. 选择 **Effect（效果）> Generate（生成）>
Lens Flare（镜头光晕）** 菜单命令，然后在 Effect Controls（效果控件）面板中进行以下设置：

- 将 Flare Center（光晕中心）设置为 **640.0, 360.0**（图像区域的中心）

- 将 Flare Brightness（光晕亮度）设置为 **0%**

- 单击 Flare Brightness（光晕亮度）旁边的 **stopwatch（时间变化秒表）** 图标

30. 将 **CTI（当前时间指示器）** 移动到 Timeline（时间轴）的末尾。

31. 在 Effect Controls（效果控件）面板中，将 Flare Brightness（光晕亮度）的值更改为 **300%**，使
亮光填充图像区域。

▲ 将 Lens Flare（镜头光晕）效果应用于黑色实体图层，以形成超新星效果。

32. 单击 **Play/Stop（播放 / 停止）** 按钮。至此，这个有关创建和设置文本动画的练习就完成了。建议
读者用本练习进行反复尝试，比如使用 Opacity（不透明度）属性来淡出文本图层，或者为关键帧添加
Easy Ease（缓动）效果。

33. 选择 **File（文件）> Save（保存）** 菜单命令，保存项目文件。

　　到目前为止，读者已经可以像对合成中的任何其他图层一样设置文本图层的动画了。除此之外，还
可以做很多事情，比如设置单个符号或单词的动画，或者将文本附着在曲线路径上。在下一个练习中，
会将文本置于蒙版路径上，并使其沿着该路径移动。

3.6 练习 2：沿路径设置文本动画

　　本练习会将文本附着到蒙版路径上，以创建文本动画。使用 Tools（工具）面板中的 Pen Tool（钢笔工具）创建路径。**Chapter_03** 文件夹中包含了完成本练习需要的所有文件，请先下载 **Chapter_03.zip** 文件。

1. 打开 **Chapter_03 \ 02_TypePath** 文件夹中的 **TextonPath.aep** 文件。Project（项目）面板中包含完成此练习所需要的素材。

2. 如果 DUNE 合成未打开，可在 Project（项目）面板中双击它。它包含两个沙漠落日场景的图层。

3. 选择 **Layer（图层）> New（新建）> Text（文本）** 菜单命令，输入 DUNE，将创建文本图层并显示在 Timeline（时间轴）面板中。

4. 双击文本将其选中，在 Character（字符）面板中将字体设置为 **Arial Black**，字体大小设置为 **200** px（像素），字符间距设置为 **−110** 以收紧字母之间的距离。

5. 在 Timeline（时间轴）面板中选择 DUNE 文本图层。在 Tools（工具）面板中选择 **Pen Tool（钢笔工具）**，这将为文本创建路径。路径可以是开放的，也可以是闭合的。

6. 转到 Composition（合成）面板，使用 Pen Tool（钢笔工具）创建一个沿着山丘轮廓的蒙版路径。创建路径时从面板图像区域的左侧开始，单击并拖动手柄可以将路径曲线化。要调整蒙版路径，可以使用 **Selection Tool（选取工具）**。

7. 在 Timeline（时间轴）面板中，单击 DUNE 文本图层左侧的箭头图标以显示其属性。然后依次单击 **Text（文本）** 属性和 **Path Options（路径选项）** 属性左侧的箭头图标。

8. 在 Path（路径）属性的下拉列表中选择 **Mask 1（蒙版 1）** 选项。After Effects 会立即将文本附着到 Composition（合成）面板中的路径上。

9. Path（路径）属性下出现几个新的属性。调整 **First Margin（首字边距）** 属性的数值，使文本移出 Composition（合成）面板图像区域的左侧。

10. 按 Home 键将 **CTI（当前时间指示器）** 移动到 Timeline（时间轴）的开头 **（00:00）**。要为文本设置沿路径移动的动画，需要单击 First Margin（首字边距）属性旁边的 **stopwatch（时间变化秒表）** 图标。

11. 按 End 键将 **CTI（当前时间指示器）** 移动到 Timeline（时间轴）的末尾。调整 **First Margin（首字边距）** 属性的数值，使文本移出 Composition（合成）面板图像区域的右侧。

12. 单击 Preview（预览）面板中的 **Play/Stop（播放 / 停止）** 按钮。可以看到，文本从 Composition（合成）面板图像区域的左侧开始沿着山丘移动。

13. 尝试设置其他的 Path Options（路径选项）属性。将 **Perpendicular To Path**（垂直于路径）属性设置为 Off（关），则文本中的字母在移动时将保持垂直对齐。

▲
若要设置沿路径移动的文本动画，需要在 Timeline（时间轴）的开头和末尾，为 First Margin（首字边距）或 Last Margin（末字边距）属性添加关键帧。

14. 在 Timeline（时间轴）面板中，将 **DUNE** 图层置于 **Foreground/Sunset.psd** 图层和 **Background/Sunset.psd** 图层的中间。

15. 确保在 Timeline（时间轴）面板中选择了文本图层。在 Character（字符）面板中单击颜色图标，将填充颜色设置为 **R:20, G:10, B:5**，然后单击 **OK（确定）** 按钮。

16. 选择 **Layer（图层）> Layer Styles（图层样式）> Bevel and Emboss（斜面和浮雕）** 菜单命令。在 Timeline（时间轴）面板中，依次单击 **Layer Styles（图层样式）** 属性和 **Bevel and Emboss（斜面和浮雕）** 属性左侧的箭头图标。

17. 单击 **Highlight Color（加亮颜色）** 属性的颜色图标，将颜色设置为 **R:255, G:115, B:40**，然后单击 **OK（确定）** 按钮。这样就在字体边缘产生了橙色光的效果。

18. 单击 **Play/Stop（播放 / 停止）** 按钮。至此，就完成了沿路径设置文本动画的练习。

19. 选择 **File（文件）> Save（保存）**菜单命令，保存项目文件。

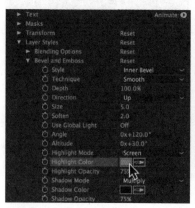 

3.7 练习 3：应用文本动画预设

Character（字符）和 Paragraph（段落）面板没有用于设置字体大小、颜色、字符间距等动画的 stopwatch（时间变化秒表）图标。文本动画是使用一系列"**文本动画器（text animators）**"创建的，它可以为字符、单词或文本设置动画。After Effects 附带了大量的文本动画预设。它们是预先建构的动画效果，按类别排列在 Effects & Presets（效果和预设）面板中。通过简单的拖放交互，可以轻松地将它们应用到文本图层上。

1. 启动 After Effects 并创建一个新项目。

2. 选择 **Composition（合成）> New Composition（新建合成）**菜单命令，在弹出的对话框中进行以下设置：

   • Composition Name（合成名称）：**Vertigo Text**

   • Preset（预设）：**HDV/HDTV 720 29.97**

   • Duration（持续时间）：**0:00:05:00（5秒）**

   • 单击 **OK（确定）**按钮

3. 在 Tools（工具）面板中选择 **Type Tool（文字工具）**，然后在 Composition（合成）面板中输入 VERTIGO。文本图层将自动创建，并显示在 Timeline（时间轴）面板中。

4. 确保在 Timeline（时间轴）面板中选择了 **VERTIGO** 文本图层。

5. 在 Character（字符）面板中选择一种合适的字体，将字体大小设置为 **150** px（像素），颜色设置为白色；在 Paragraph（段落）面板中将对齐方式设置为居中对齐。

6. Type Tool（文字工具）允许将文本放置在任何位置。如果要将文本居中放置在 Composition（合成）面板中，可使用 Align（对齐）面板。选择 **Window（窗口）> Align（对齐）** 菜单命令可以打开 Align（对齐）面板。

7. 在 Align Layers to（将图层对齐到）下拉列表中选择 **Composition（合成）** 选项。单击 horizontal center alignment（水平对齐）和 vertical center alignment（垂直对齐）按钮。

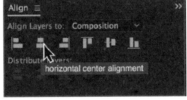 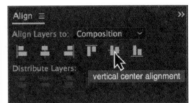

8. 接下来为文本图层设置动画。打开 **Effects & Presets（效果和预设）** 面板。

9. 单击 ***Animation Presets（*动画预设）** 类别左侧的箭头图标，在展开的 **Text** 文件夹中包含所有的文本动画预设。

10. 单击 **Animate In** 文件夹左侧的箭头图标，然后选择 **Center Spiral（中央螺旋）** 效果。这一效果是使文本中的每个字母在图层中心旋转以形成单词。

11. 要应用动画预设，可在 Effects & Presets（效果和预设）面板中单击效果并将其拖动到 Composition（合成）面板中的文本上，此时将出现一个红色选框，指示所选的文本图层。释放鼠标后会发现文本消失，这是因为文本正处于动画预设的开头。

12. 单击 **Play/Stop（播放/停止）** 按钮，可见字母旋转形成 VERTIGO 一词。此时效果就应用完成了。

13. 在应用动画预设之前能预览效果吗？读者可以在 Effects & Preset（效果和预设）面板上方单击菜单图标███，在弹出的菜单中选择 **Browse Presets（浏览预设）**命令，这将打开 Adobe Bridge。效果会显示在 Adobe Bridge 右侧的 Preview（预览）面板中。

14. 关闭 Adobe Bridge 并返回 After Effects。选择 Timeline（时间轴）面板，然后按 **Home** 键，将 **CTI（当前时间指示器）**移动到 Timeline（时间轴）的开头**（00:00）**。

Home 键：将 CTI（当前时间指示器）移动到 Timeline（时间轴）的开头。
End 键：将 CTI（当前时间指示器）移动到 Timeline（时间轴）的末尾。

15. 可见文本图层中已经添加了"文本动画器"。依次单击 **VERTIGO** 文本图层和 **Text（文本）**属性左侧的箭头图标，查看所用动画预设的 Spiral（螺旋）和 Fade In（淡入）属性。

16. 单击 **Spiral（螺旋）**属性左侧的箭头图标，可以看到 Rotation（旋转）属性，其中自动添加了两个关键帧。单击 Spiral（螺旋）属性右侧的 **Add（添加）**箭头按钮 Add ⚬ ，在弹出的菜单中选择 **Property（属性）> Scale（缩放）**命令。

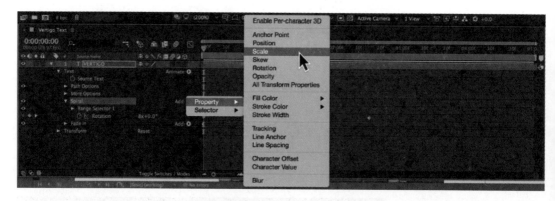

17. Scale（缩放）属性被添加到 Spiral（螺旋）属性中。将 Scale（缩放）属性设置为 **500.0%**，然后单击旁边的 **stopwatch（时间变化秒表）**图标以添加关键帧。

18. 将 **CTI（当前时间指示器）**移动到 **4 秒（04:00）**。

19. 将 **Scale（缩放）**属性设置为 **100.0%**。现在每个字母都会随着它的旋转而慢慢缩小。

20. 单击 **Rotation（旋转）**属性的第二个关键帧并将其移动到 **4 秒（04:00）**的时间标记处，与 Scale（缩放）属性的关键帧对齐。

21. 在 Timeline（时间轴）上单击并拖曳鼠标，框选 Scale（缩放）属性和 Rotation（旋转）属性的所有关键帧。选择 **Animation（动画）> Keyframe Assistant（关键帧辅助）> Easy Ease（缓动）** 菜单命令，关键帧在 Timeline（时间轴）上的图标由菱形变为沙漏形。

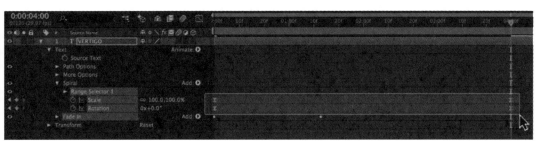

22. 在 Timeline（时间轴）面板中，为 VERTIGO 文本图层设置 Motion Blur（运动模糊）开关。此开关可以模拟快门的持续时间，形成模糊效果。要在 Composition（合成）面板中查看运动模糊，还需要单击 Timeline（时间轴）面板顶部的 **Enable Motion Blur（启用运动模糊）**按钮。当激活此按钮时，设置了 Motion Blur（运动模糊）开关的所有图层的模糊效果都将在 Composition（合成）面板中显示。

23. 单击 **Play/Stop（播放 / 停止）**按钮，可见字母旋转并缩小以形成单词 VERTIGO。

▲
运动模糊会影响运动中的物体。它有助于使运动看起来更加动感和自然。

24. 接下来导入一部背景影片来完成动态设计项目。双击 Project（项目）面板下方的灰色区域，打开 Import File（导入文件）对话框。

25. 找到 **Chapter_03 \ 03_TextAnimationPreset \ Footage** 文件夹，选择 **Tunnel.mov** 文件，将其导入为素材。

26. 单击导入的素材，将其拖动到 Timeline（时间轴）面板，并置于 **VERTIGO** 文本图层的下方。

27. 单击 **Play/Stop（播放 / 停止）** 按钮。至此就完成了本练习。选择 **File（文件）>Save（保存）** 菜单命令，保存项目文件。

　　回顾一下刚刚创建的文本动画。单击 Text（文本）属性左侧的箭头图标，查看动画预设所使用的属性。刚开始学习使用 After Effects 制作文本动画的好方法之一就是仔细剖析文本动画预设。在下一个练习中，将会用到"文本动画器"来创建自定义的文本动画。

3.8 练习 4：使用文本动画器

　　在本练习中，读者将不会使用任何文本动画预设。使用"文本动画器"指定要设置动画的 Text（文本）属性，例如位置和旋转等，并使用 Range Selector（范围选择器）来指定其对每个角色的影响程度。

1. 启动 After Effects 并创建一个新项目。

2. 选择 **Composition（合成）> New Composition（新建合成）** 菜单命令，在弹出的对话框中进行以下设置：

   - Composition Name（合成名称）：**Falling Text**

   - Preset（预设）：**HDV/HDTV 720 29.97**

   - Duration（持续时间）：**0:00:05:00（5 秒）**

   - 单击 **OK（确定）** 按钮

3. 在 Tools（工具）面板中选择 **Type Tool（文字工具）**，然后在 Composition（合成）面板中输入 DESCENT。文本图层将自动创建，将文本在 Composition（合成）面板中居中放置。

4. 双击文本将其选中，在 Character（字符）面板中将字体设置为 **Avenir**，字体大小设置为 **150** px（像素），颜色设置为白色；在 Paragraph（段落）面板中将对齐方式设置为居中对齐。

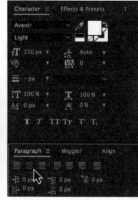

5. 在 Timeline（时间轴）面板中选择 DESCENT 文本图层。

单击 Text（文本）属性左侧的箭头图标，然后单击右侧的 **Animate（动画）** 箭头按钮 Animate ● ，弹出的菜

单中包括了可以为每个角色设置
的所有的动画文本属性。在这里
选择 **Position（位置）** 命令。

在文本图层的 Text（文本）属性下添加一个"文本动画器"。

DESCENT 图层瞬间被添加
了很多属性，起初看起来可能有
点混乱。接下来分析一下需要使

用到的属性。**Animator 1（动画制作工具 1）** 属性就是一个"文本动画器"，它包含用于设置动画的属性
和"文本选择器（text selectors）"。

6. 将关注点放到 Range Selector 1（范围选择器 1）和 Position（位置）属性上。将 Position（位置）
   属性设置为 **0.0, 300.0**，文本会立即向下移动。

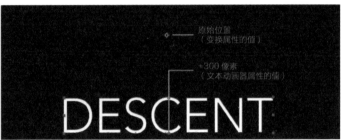

"文本动画器"属性的值与图层对应的 Transform（变换）属性的值有关。因此，当更改"文本动
画器"的 Position（位置）值时，After Effects 将获取文本的当前位置（Transform（变换）属性的值），
并在其垂直位置上增加 300 像素。这会导致文本在 Composition（合成）面板中向下移动。

7. 如果想让这些字母单独移动，应该如何操作呢？可以单击 **Range Selector 1（范围选择器 1）** 属性
   左侧的箭头图标，通过设置 **End（结束）** 属性以分别重新定位每个字母。End（结束）属性的数值
   范围为 0% 到 100%。将 End（结束）属性设置为 **0%**，字母将处于其原始位置。单击属性旁边的

stopwatch（时间变化秒表）
图标可在当前时间添加关
键帧。

Range Selector（范围选择器）▶
的 Start（起始）和 End（结束）
属性可以从左侧（起始）或右侧（结
束）为每个字母设置动画。
通常情况下，只需要调整 Range
Selector（范围选择器）的 End
（结束）属性并添加关键帧。

8. 将 **CTI（当前时间指示器）** 移动到 **4 秒（04:00）**。

9. 在 Timeline（时间轴）面板上，将 **End（结束）**属性设置为 **100%**。

10. 单击 Preview（预览）面板中的 **Play/Stop（播放 / 停止）**按钮，可以看到每个字母都从其原始位置开始向下移动。保存当前项目。接下来添加更多属性来创建更有趣的动画。

11. 现在已经为 Range Selector 1（范围选择器 1）添加了关键帧，这将应用于添加到文本图层上的其他任何属性。单击 **Animator 1（动画制作工具 1）**属性右侧的 **Add（添加）**箭头按钮，在弹出的菜单中选择 **Property（属性）> Rotation（旋转）**命令。

12. Rotation（旋转）属性被添加到 Position（位置）属性的下方。将 Rotation（旋转）属性设置为 **90°**，则每个字母在向下移动时将逐个旋转 90°。

13. 添加另一个文本动画属性。此次选择 **Property（属性）> Opacity（不透明度）**命令。

14. Opacity（不透明度）属性被添加到 Rotation（旋转）属性的下方。将 Opacity（不透明度）属性设置为 **0%**，则每个字母在旋转 90° 并向下移动时将逐个淡出。

15. 保存当前项目。选择 **File（文件）> Save（保存）**菜单命令。

16. 添加另一个文本动画属性。此次选择 **Property（属性）> Blur（模糊）**命令。

17. Blur（模糊）属性被添加到 Opacity（不透明度）属性的下方。将 Blur（模糊）属性设置为 **100**。

18. 现在，动画效果变得越来越丰富了，但它还需要一个背景以显得更具动感。取消选择 Timeline（时间轴）面板中的文本图层，并确保没有任何内容被高亮选中。在 Effects & Presets（效果和预设）面板中，单击 ***Animation Presets（* 动画预设）**类别左侧的箭头图标，在 **Backgrounds** 文件夹中双击 **Smoke Rising（烟雾升腾）**效果，将一个实体图层添加到项目中。

19. 应用效果时，Effect Controls（效果控件）面板将在 Project（项目）面板处作为新面板打开。在 Effect Controls（效果控件）面板中，将 Fractal Type（分形类型）属性更改为 **Threads（线程）**。然后单击 Transform（变换）属性左侧的箭头图标，并将 Scale Width（缩放宽度）属性设置为 **300**。

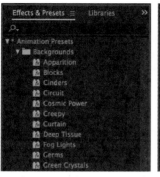
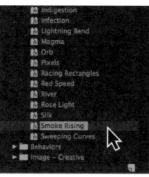
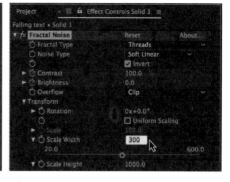

20. 在 Timeline（时间轴）面板中，将 **Solid 1（纯色 1）**实体图层移动到底部。

21. 选择 **DESCENT** 文本图层，按 U 键以仅显示关键帧属性 Range Selector（范围选择器）的 End（结束）属性。

22. 将第一个关键帧移动到 **1 秒（01:00）**的时间标记处。这样使观众在动画开始之前就能看到文本。

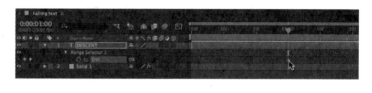

23. 单击 Preview（预览）面板中的 **Play/Stop（播放 / 停止）**按钮查看结果，这样就完成了本次练习。整个合成都是在 After Effects 中创建的，没有任何导入的素材，只有一个设置了关键帧的"文本动画器"。选择 File（文件）> Save（保存）菜单命令，保存项目文件。

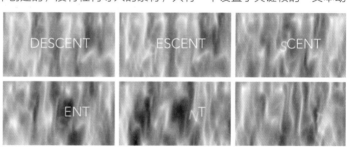

24. 如果要删除"文本动画器"，只需选中它之后按 **Delete/ Backspace** 键即可。

3.9 练习 5：制作字符间距动画

字符间距和字偶间距通常可以互换使用，但也有区别。如前所述，字偶间距（kerning）侧重于两个字母或与其他字符之间的空间量，**字符间距（tracking）**则涉及调整整个单词的间距。After Effects 中的文本图层可以对字符间距进行动画处理。对字符间距进行动画处理时要非常小心，因为它可能会影响到文本的可读性。

1. 启动 After Effects 并创建一个新项目。

2. 选择 **Composition（合成）> New Composition（新建合成）**菜单命令，在弹出的对话框中进行以下设置：

- Composition Name（合成名称）：**Tracking Text**

- Preset（预设）：**HDV/HDTV 720 29.97**

- Duration（持续时间）：**0:00:05:00（5秒）**

- 单击 **OK（确定）**按钮

3. 选择 **Layer（图层）> New（新建）> Text（文本）**菜单命令，After Effects 将插入点置于 Composition
（合成）面板图像区域的中心。然后输入 RADAR，在合成中创建文本图层并显示在 Timeline（时间轴）面板中。

4. 双击文本图层将其全部选中。在 Character（字符）面板中选择一种合适的字体，将字体大小设置为 **150** px（像素），颜色设置为白色；在 Paragraph（段落）面板中将对齐方式设置为居中对齐。

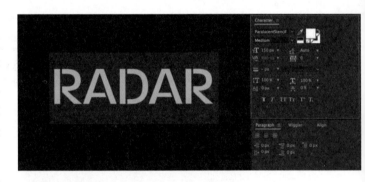

5. 在 Timeline（时间轴）面板中 选 择 **RADAR** 图层，单击 Text（文本）属性左侧的箭头图标，然后单击右侧的 **Animate（动画）**箭头按钮，在弹出的菜单中选择 **Tracking（字符间距）**命令。

6. 确保 **CTI（当前时间指示器）**位于 Timeline（时间轴）的开头**（00:00）**。要为字符间距设置动画，需要单击 Tracking Amount（字符间距大小）旁边的 **stopwatch（时间变化秒表）**图标。此处将数值保持为 0。

7. 将 **CTI（当前时间指示器）**移动到 **2 秒（02:00）**。

8. 将 **Tracking Amount（字符间距大小）**属性设置为 **-100**。此时这些字母将堆叠在一起。

9. 按 **End** 键将 **CTI（当前时间指示器）**移动到 Timeline（时间轴）的末尾。

10. 再将 **Tracking Amount（字符间距大小）** 的值设置为 −260。此时字母间的距离又拉大了。

11. 单击 **Play/Stop（播放/停止）** 按钮，查看文本动画。RADAR 这个单词无论是从左侧还是右侧开始读，都是一样的字母顺序。

12. 保存当前项目。选择 **File（文件）> Save（保存）** 菜单命令。

13. 接下来导入背景图像来帮助完成动态设计项目。双击 Project（项目）面板下方的灰色区域，打开 Import File（导入文件）对话框。

14. 找 到 **Chapter_03 \ 05_Tracking_Text \ Footage** 文件夹，选择 **MapBackground.jpg** 文件，将其导入为素材。

字符间距（Tracking）动画文本属性可以缩小或拉大单词中所有字母之间的距离。使用 Tracking Amount（字符间距大小）属性可实现这两个目的。

15. 单击导入的素材，将其拖动到 Timeline（时间轴）面板，并置于 **RADAR** 文本图层的下方。下面通过使用 Scale（缩放）属性添加细微的变焦效果。

16. 确保 **CTI（当前时间指示器）** 位于 Timeline（时间轴）的开头 **（00:00）**。

17. 在 Timeline（时间轴）面板中选择 **MapBackground.jpg** 图层，然后按 S 键以仅显示 Scale（缩放）属性。

18. 按住 **Shift** 键并按 **R** 键，在 Scale（缩放）属性之外，再将 Rotation（旋转）属性显示出来。

19. 单击 Scale（缩放）属性和 Rotation（旋转）属性旁边的 **stopwatch（时间变化秒表）** 图标，添加关键帧。

20. 按 **End** 键将 **CTI（当前时间指示器）** 移动到 Timeline（时间轴）的末尾。

21. 将 **Scale（缩放）** 属性设置为 **110%**，将 **Rotation（旋转）** 属性设置为 **3°**，如此将使背景图片慢慢放大并旋转。

22. 在 Composition（合成）面板中，单击文本图层并稍向下拖动，使其在背景图片上更好地居中。

23. 单击 **Play/Stop（播放/停止）** 按钮，查看文本动画。保存当前项目。

24. 此时，动态设计项目已基本完成，但还需要一个从中心发出无线电波动画的视觉效果。选择 Layer（图层）> New（新建）> Solid（纯色）菜单命令，弹出 Solid Settings（纯色设置）对话框。然后进行以下设置：

- 设置 Name（名称）为 **Radio Waves**

- 单击 **Make Comp Size（制作合成大小）** 按钮

- 将 Color（颜色）设置为**黑色**

- 单击 **OK（确定）** 按钮

25. 在 Timeline（时间轴）面板中将 **Radio Waves** 实体图层置于 **RADAR** 文本图层的下方。

26. 选择 **Effect（效果）> Generate（生成）> Radio Waves（无线电波）** 菜单命令。此效果可创建模拟无线电波的圆圈动画。

27. 在 Effect Controls（效果控件）面板中进行以下设置：

- 将 Lifespan(sec)（寿命（秒））设置为 **5.000**（与合成的持续时间相匹配）

- 将 Fade-in Time（淡入时间）设置为 **3.000**

- 将 Fade-out Time（淡出时间）设置为 **3.000**

- 将 Start Width（开始宽度）设置为 **1.00**

- 将 End Width（末端宽度）设置为 **3.00**

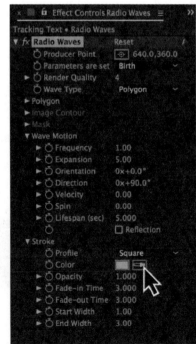

- 通过 **eye dropper（吸管）** 在图片中选择，将 Color（颜色）设置为绿色

28. 单击 **Play/Stop（播放 / 停止）** 按钮。可见无线电波效果为动态设计项目增添了趣味性。

29. 在 Effect Controls（效果控件）面板中，将 Profile（配置文件）属性的选项由 Square（正方形）更改为 **Sawtooth In（入点锯齿）**。默认选项 Square（正方形）产生的描边（stroke）为实线，Sawtooth In（入点锯齿）会使描边向内渐变为透明效果。

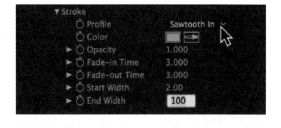

30. 要想使描边透明渐变的效果更明显，可以将 End Width（末端宽度）的数值增加到 **100**。

31. 单击 **Play/Stop（播放/停止）**按钮。这样就完成了字符间距动画的练习。

32. 选择 **File（文件）> Save（保存）**菜单命令，保存项目文件。

3.10 练习 6：使用摆动选择器

　　Wiggly Selector（摆动选择器）可以向"文本动画器"中添加一定的随机性。它允许用户使用几个内置属性轻松地创建复杂的动画。

1. 启动 After Effects 并创建一个新项目。

2. 选择 **Composition（合成）> New Composition（新建合成）**菜单命令，在弹出的对话框中进行以下设置：

　　• Composition Name（合成名称）：**Wiggly Text**

　　• Preset（预设）：**HDV/HDTV 720 29.97**

　　• Duration（持续时间）：**0:00:05:00（5秒）**

　　• 单击 **OK（确定）**按钮

3. 选择 **Layer（图层）> New（新建）> Text（文本）**菜单命令，After Effects 将插入点置于 Composition（合成）面板图像区域的中心。然后输入 **SCARY**，在合成中创建文本图层并显示在 Timeline（时间轴）面板中。

4. 双击文本图层将其全部选中。在 Character（字符）面板中选择一种合适的字体，将字体大小设置为 **150** px（像素），颜色设置为白色；在 Paragraph（段落）面板中将对齐方式设置为居中对齐。

5. 在 Timeline（时间轴）面板中选择 **SCARY** 图层，单击 Text（文本）属性左侧的箭头图标，然后单击右侧的 **Animate（动画）**箭头按钮，在弹出的菜单中选择 **Position（位置）**命令。

6. 将 Position（位置）属性设置为 **0.0, 15.0**。此时所有的字母向下移动。

7. 单击 **Animator 1（动画制作工具 1）**属性右侧的 **Add（添加）**箭头按钮，在弹出的菜单中选择 **Property（属性）> Rotation（旋转）**命令。

8. Rotation（旋转）属性被添加到 Position（位置）属性的下方。将 Rotation（旋转）属性设置为 **15°**。

9. "文本选择器"允许指定要影响的范围及程度。单击 **Animator 1（动画制作工具 1）**属性右侧的 **Add（添加）**箭头按钮，在弹出的菜单中选择 **Selector（选择器）> Wiggly（摆动）**命令。

10. 单击 **Wiggly Selector 1（摆动选择器 1）**属性左侧的箭头图标，然后将 **Wiggles/Second（摇摆 / 秒）**属性设置为 15。这将增加文本位置和每秒旋转的随机变化程度。

11. 单击 **Play/Stop（播放 / 停止）**按钮，查看当前的动画效果。这些字母的随机抖动强调了单词的含义。

◀ Wiggly Selector（摆动选择器）从"文本动画器"属性（位置和旋转）中随机选择一个值，这样就实现了文本抖动的动画效果。

12. 保存当前项目。选择 **File（文件）> Save（保存）**菜单命令。

13. 此时动画效果变得越来越完整，但还需要一个背景才能使它更具动感。取消选择 Timeline（时间轴）面板中的文本图层，确保其没有高亮显示。

14. 按 Home 键将 **CTI（当前时间指示器）**移动到 Timeline（时间轴）的开头 **（00:00）**。

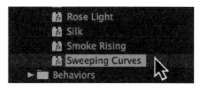

15. 在 Effects & Presets（效果和预设）面板中，单击 ***Animation Presets（* 动画预设）**类别左侧的箭头图标，在 **Backgrounds** 文件夹中双击 **Sweeping Curves（曲线扫除）**效果，将一个实体图层添加到项目中。

16. 应用效果时，Effect Controls（效果控件）面板将作为 Project（项目）面板前面的新面板打开。在 Effect Controls（效果控件）面板中，依次单击 **Fractal Noise（分形杂色）**属性和 **Transform（变换）**属性左侧的箭头图标。

17. 将 Scale Width（缩放宽度）和 Scale Height（缩放高度）属性均设置为 **400.0**。

18. 在 Effect Controls（效果控件）面板中单击 Tritone（三色调）属性左侧的箭头图标。将 **Highlights（高光）**属性设置为亮橙色，将 **Midtones（中间调）**属性设置为深紫色。

19. 在 Timeline（时间轴）面板中单击并拖动 **Background** 实体图层，将其置于 **SCARY** 文本图层的下方。

20. 单击 **Play/Stop（播放 / 停止）**按钮，查看效果。这样就完成了使用 Wiggly Selector（摆动选择器）的练习。

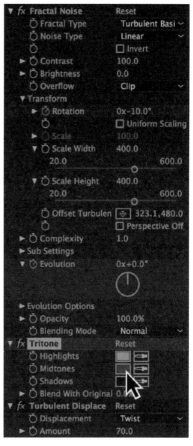

21. 完成后，还可以进行渲染输出。选择 **Composition（合成）> Add to Render Queue（添加到渲染队**

列）菜单命令，在 Render Queue（渲染队列）面板中进行以下设置：

- 单击 Output Module（输出模块）旁边的 **Lossless（无损）**

- 在打开的对话框中，将 Format（格式）设置为 **QuickTime**，然后单击 **Format Options（格式选项）** 按钮，将 Video Codec（视频编解码器）设置为 **H.264**

- 在 **Output To（输出到）** 右侧设置硬盘路径

- 单击面板右侧的 **Render（渲染）** 按钮

22. 选择 **File（文件）> Save（保存）** 菜单命令，保存项目文件。

本章小结

至此，就完成了如何对文本添加动态效果的介绍，包括了字体、文本图层及其重要属性的内容。继续学习的最佳方法是应用各种文本动画预设并剖析其中的结构。在那之后，再开始创建自己的自定义预置。在下一章中，将介绍动态标志的制作方法。

第**4**章

动态标志

标志有多种形式,但它们的存在都有一个共同的目的——为公司或品牌提供视觉标识。一个有效的标志应该是简洁、可扩展、可识别和独特的。本章探讨了如何运用动态效果赋予标志传达信息的能力。本章练习提供了不同于在 Photoshop 和 Illustrator 中创建标志和制作动画的方法。

学习完本章后,读者应该能够了解以下内容:

- 描述不同类型的标志
- 判断能从客户方获取的最佳文件格式类型
- 为动画准备基于像素和基于矢量的标志
- 在 After Effects 中导入标志并设置动画
- 使用蒙版、轨道遮罩和描边效果展示标志
- 添加形状图层并设置动画
- 创建用于广播电视的字幕条动画

4.1 什么是有效的标志

标志（logo）是一种用于企业或产品的视觉标识。它的目标不是销售产品或促进业务，而是作为识别符号反映品牌。想想我们每天看到的那些流传已久的标志，是什么让它们能够被有效地识别出来的呢？一个设计良好的标志包括的几个特征如下。

- **简洁（simple）**：易于阅读。

- **可识别（recognizable）**：它会给人留下难忘的印象，独特到足以在竞争对手中脱颖而出。

- **可扩展（scalable）**：在不同尺寸下，它不会失去其作用。

- **多功能（versatile）**：它可以与整个品牌体验互动，从包装到在线内容。它还可以用于暗色或浅色背景。

- **沟通性（communicative）**：它可以确定基调，并可以清晰识别品牌所代表的产品或服务。

标志的种类

标志有各种形状、大小和形式，可能包括字体、符号或图标，或者两者的组合。有许多不同类型的标志。

- **字母组合（monograms，又称为花押字）**：这是指一家公司名称的字母缩写，用于品牌识别目的，而不是其冗长的名称，例如 IBM、HP（惠普）等。

- **文字商标（logotypes）**：这种形式的标志由企业名称的字体元素组成。Google 和 Coca-cola 就是具有精心设计标志的公司。

- **图形标记（pictorial marks）**：这种标志由符号或图标组成，例如 Apple 的苹果、Twitter 的小鸟等。符号也可以是抽象的，例如 Pepsi 的波浪标志。

- **组合类（combination）**：这种标志由图标和字体元素组成。图标和文字既可以并排放置，也可以堆叠在一起或融合在一起，以组成标志。

- **徽标类（emblem）**：这种标志注重于徽标的形式，并将公司名称包含其中，例如 Starbucks 等。

标志的类型：1. 文字商标　2. 图形标记　3. 组合类　4. 徽标类

4.2 广播电视节目术语

设计师必须了解客户的要求，尤其是当最终产品用于电视播放时。电视台使用特定术语来描述标志或文字在屏幕上显示的时间和位置。以下是一些用于广播电视节目的常用术语。

- **频道识别（ident，station ID）：** 用于识别频道的简短动画。它通常显示频道的名称和标志。

- **开场（opening，leader）：** 在电视节目开始时播放的动态图形序列。

- **宣传片（promo）：** 一个简短的动态图像序列（5~10 秒），为即将到来的节目做广告。

- **节目时间表（lineup）：** 在不同的电视节目之间播放的，用来预告频道的节目安排。

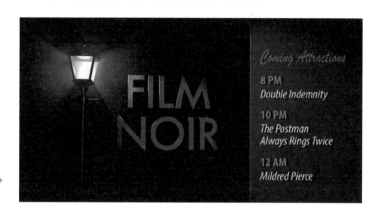

用来预告频道节目安排的节目时 ▶
间表。

- **字幕条（lower thirds）：** 位于屏幕底部三分之一处的图形。它通常包括屏幕上显示内容的信息，最常见的是新闻记者的姓名或位置。

- **压屏条（snipe）：** 在电视节目中播放，宣传另一个节目或频道的下一个节目。

- **转场（stinger）：** 一个伴随着声音效果的全屏的过渡动画，多用于宣布"突发新闻"或"持续报道"。

- **贴片（bug）：** 出现在屏幕一角的小块图形，用于识别电视节目或电视频道。

4.3 使用客户提供的标志

把客户提供的标志转换成动画，是许多动态设计师一开始会接触到的设计项目。这些简短的动画可以提供充足的创作可能性。设计师经常面临的艰巨任务之一就是以高分辨率文件格式获取客户的标志。

在制作动画标志时，有些文件格式可能会优于其他文件格式。要注意避免使用从演示文稿中捕获或从网站下载的标志截图，因为这些标志通常没有足够的图像分辨率。从客户处获取的最佳的文件格式是AI（Illustrator）文件或 EPS（Encapsulated PostScript）文件。

理解位图和矢量图的区别

AI 和 EPS 格式是基于矢量的。矢量类型的格式是使用几何特性和数学公式来存储和创建一个图像，这使得绘制的图形与分辨率无关，它可以自由缩放而不会丢失任何细节。因此，基于矢量格式的文件相对偏小，非常适合应用于网页设计。After Effects 可以支持基于矢量格式的文件。

Photoshop 主要用于基于像素的图像制作。**位图（raster image，又称为栅格图）**由像素组成，并且与分辨率有关。如果过度放大，那么像素点就会变得非常明显。位图往往具有照片级的真实感，并且文件更大。通过压缩可以减小文件的整体大小，但会降低图像质量。

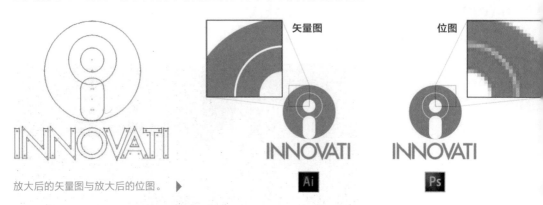

放大后的矢量图与放大后的位图。 ▶

JPEG（Joint Photographic Experts Group）文件是一种基于像素的图像压缩格式。这是一种有损压缩类型，这意味着它会改变像素结构。导出 JPEG 文件会导致质量损失，使其在以后的图像编辑中的可用性降低，类似于复印件的复印件。这就是为什么设计者通常要避免在动态设计项目中使用 JPEG 文件。

另一种选择是 **PNG（Portable Network Graphics）**文件。它是一种无损压缩类型，意味着压缩不会影响图像的质量。**PNG-24** 允许使用数百万种颜色渲染图像，就像 JPEG 一样，但是保留了所有的透明度。如果读者无法获取原始的 Photoshop 文件，那么 PNG-24 文件也是一个不错的选择。

还有一种可接受的基于像素的文件格式是 **TIFF（Tag Image File Format）**。它是一种标准图形格式，广泛用于 Photoshop 和 InDesign 等应用程序。如果设计师只能获得标志的 PNG 或 TIFF 文件，请确保图像的分辨率至少是最终视频格式的两倍。增加文件的大小通常会产生更好的结果和更多的可能性。

优先考虑使用的图像文件格式。

4.4 为 After Effects 准备图像

After Effects 是一个很棒的应用程序，用于为静止图像添加时间元素。但是，它不是创建静态图像的最佳程序。许多设计师更喜欢在 Photoshop 或 Illustrator 中开始他们的项目，然后在 After Effects 中将文件变得生动起来。在将图像导入 After Effects 之前，请考虑以下事项。

■ **RGB 模式（RGB color）：** 所有图像都需要以 RGB 模式保存，而不是 CMYK。After Effects 在

RGB 色域中工作。

■ **图像尺寸（image size）和分辨率（resolution）：** 对于高清视频，使用 1920 像素 ×1080 像素（72 DPI）或 1280 像素 ×720 像素（72 DPI）的图像。如果在 After Effects 中要将图像放大超过100%，则可以使用更高分辨率的文件。

■ **内容（content）：** 裁剪图像中不希望在 After Effects 中可见的任何部分。

■ **合成（composition）：** 确保所有重要内容都在标题安全区域和动作安全区域内。Photoshop 和 Illustrator 为电影和视频提供了内置预设，安全区域设置有参考线。

■ **细节（fine details）：** 避免使用含有 1 像素线的图像或密集的细小文字，因为它们在播放时可能会闪烁。

为 After Effects 准备 Photoshop 文件

After Effects 可以与 Photoshop 和 Illustrator 密切配合。在 Photoshop 中创建的标志可以通过适当的方法轻松转换到 After Effects 中。下面将介绍如何在 After Effects 中准备 Photoshop 分层文件。

■ **Film & Video（胶片和视频）预设：** 使用 Film & Video（胶片和视频）预设创建新的 Photoshop 文档。有几种空白文档预设可供选择，包括 4：3 和 16：9 宽高比。

Photoshop 提供的视频预设。预设为标题安全区域和动作安全区域自动生成参考线。 ▶

■ **缩放（scale）：** 在 Photoshop 中以 100％的比例设计图像。如果计划在 After Effects 中缩放图像，那就需要将它们设计得更大一些。最好将图像缩小而不是放大图像。

■ **图层（layers）：** 使用图层把要设置动画的标志的各个组件分开。确保 Photoshop 图层被有规律地排列、正确命名和解锁，因为 After Effects 将导入每个图层，并保留其名称、顺序、透明度和图层样式。

■ **文本（text）：** 导入文件后，Photoshop 中的任何可编辑文本都可以转换为 After Effects 中的可编辑文本。在 After Effects 的 Timeline（时间轴）面板中选择 Photoshop 文本的任何图层，然后选择 **Layer（图层）> Create（创建）> Convert To Editable Text（转换为可编辑文字）** 菜单命令。

为 After Effects 准备 Illustrator 文件

标志通常是在 Illustrator 中进行设计的，以利用其设计矢量图的优势。为 After Effects 准备 Illustrator 文件与准备 Photoshop 文件的过程类似。以下是需要准备的事情。

■ **Film & Video（胶片和视频）预设：** 使用 Film & Video（胶片和视频）预设创建新的 Illustrator 文档。将文档大小与 After Effects 中的构图尺寸相匹配。单击 **More Settings（更多设置）** 按钮，然后将 **Transparency Grid（透明度网格）** 设置为 **Off（关闭）**。这样可以更好地查看矢量图。

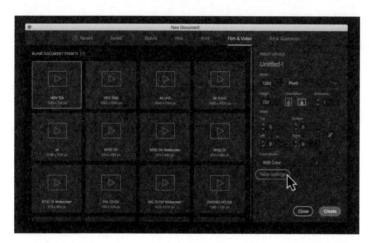

■ **缩放（scale）：** 使用为标题安全区域和动作安全区域提供的参考线来创建、定位标志，并将其缩放到所需大小。

■ **图层（layer）：** 如果从客户那里得到的 Illustrator 文件只包含一个图层，那么可以将每个形状分离为独立的图层。在 Illustrator 中打开 Layer（图层）面板，选择标志所在图层，然后单击面板右上角的菜单图标▤，选择 **Release to Layers(Sequence)（释放到图层（顺序））** 命令。

◀ Illustrator 可以将每个形状分离为独立的图层。这在 After Effects 中为标志设置动画时非常有用。

■ **顶层图层（top-level layers）：** 虽然每个单独的形状被分离为独立的图层，但是它们不是顶层。即使 Illustrator 中可以有子图层，但 After Effects 只会分隔顶层图层。要解决此问题，可以选择所有子图层并将它们拖动到所在的顶层之外，然后删除空图层。

单击并向外拖动分离的子图层，使
这些子图层都成为顶层。完成后删
除空图层。

▶

■ **命名约定（naming convention）：** 仔细检查所有
图层并为它们重命名，以便了解图层包含的内容。这
可能需要花费一些时间，但一旦导入 After Effects，
将能有效地提高工作效率。

■ **文本（text）：** 与 Photoshop 不同，Illustrator 中
的任何可编辑文本都无法转换为 After Effects 中的可编辑文本。

■ **画板（artboards）：** 如果使用 Print（打印）预设，则可以在一个文件中创建多个画板。虽然这对动
态设计项目的分镜来说非常有用，但在将文件导入 After Effects 时可能会成为一个问题。最佳解决方
案是使用 Illustrator 中 Save（保存）命令的选项为每个画板创建单独的文件。

使用 Illustrator 中的选项将画板 ▶
保存到单独的文件中。

4.5 练习 1：用蒙版和遮罩展示标志

在第 2 章中已经介绍过，分层的 Photoshop 和 Illustrator 文件可以通过三种方式导入 After
Effects。选择 **Footage（素材）**选项，会将所有图层合并为单个图层；选择 **Composition（合成）**选项，
会将每个图层设置为与合成帧相同的尺寸；选择 **Composition-Retain Layer Sizes（合成 - 保持图
层大小）**选项，将保留每个图层并保持各自的尺寸。

本节练习将按步骤介绍如何为 Photoshop
所创建的标志设置动画。**Chapter_04** 文件夹
中包含了完成本练习需要的所有文件，请先下
载 **Chapter_04.zip** 文 件。 在 **Chapter_04 \
Completed** 文件夹中找到并播放 **TheCove_
Logotype.mov** 文件，可以查看项目的最终
效果。

动态标志动画展示了一个名为 The Cove 的虚构的海滩度假地。

在与客户合作时，一定要征求客户公司的品牌风格样式指南。**样式指南（style guide）**可被视为一种定义了标志使用规范的参考工具，它不仅展现了公司的使命和愿景，还展示了与其相关的可视化示例。

- **尺寸（size）：** 明确适当的比例和最小缩放尺寸。

- **空间（space）：** 明确围绕标志的留白空间。

- **颜色（colors）：** 显示所有变化（反色、彩色、黑白等）。

- **注意事项（don'ts）：** 显示使用标志的错误示例。

▲
使用客户提供的样式指南作为标志使用方式的参考工具。

1. 打开 **Chapter_04 \ 01_Photo-shop_Logo** 文件夹中的 **01_TheCove_Start.aep** 文件。Project（项目）面板中包含完成此练习所需的素材。导入 Photoshop 文件时选择 Composition-Retain Layer Sizes（合成 -保持图层大小）选项。

2. 如果 **Cove_Logotype** 合成未打开，可在 Project（项目）面板中双击它。它包含 Photoshop 文件中的 4 个图层。

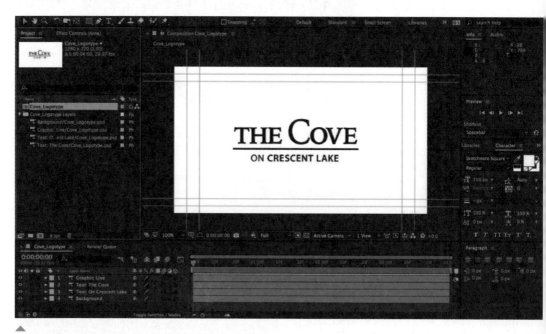

▲
合成中的图层与 Photoshop 文件中的图层结构一致。展现标题安全区域和动作安全区域的参考线也会导入 After Effects 中。

3. 在 Timeline（时间轴）面板中
单击 **Video（视频）** 开关，关
闭 **Text: On Crescent Lake**
图层的可见性，将图层隐藏。

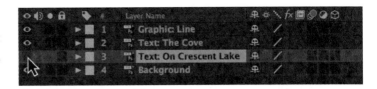

使用蒙版显示图层

　　After Effects 中的**蒙版（mask）** 是一个开放路径或闭合形状，用于定义图层的 Alpha 通道。蒙版
的形状决定了图层的哪个部分被显示，或者哪个部分被隐藏。还可以通过设置这些形状的动画来显示图
层的内容。使用 Rectangle Tool（矩形工具）和 Pen Tool（钢笔工具）可以直接在选定的图层上创建
蒙版。

1. 在 Timeline（时间轴）面板中选择 **Graphic: Line** 图层。

2. 在 Tools（工具）面板中选择 **Rectangle Tool（矩形工具）**。

3. 确保在 Timeline（时间轴）面板中选择了 **Graphic: Line** 图层。转到 Composition（合成）面板，
在水平线的左侧绘制一个小矩形。在绘制蒙版后，线条会消失，因为它不包含在蒙版形状中。

使用 Rectangle Tool（矩形工具）
在水平线的左侧绘制蒙版。仅可看
到蒙版形状内包含的内容。

4. 在 Tools（工具）面板中选择 **Selection Tool（选取工具）**。

5. 将 **CTI（当前时间指示器）** 移动到**第 15 帧（0:00:00:15）**。

6. 在 Timeline（时间轴）面板中，单击 **Graphic: Line** 图层 **Mask 1（蒙版 1）** 属性左侧的箭头图标，
然后单击 **Mask Path（蒙版
路径）** 属性旁边的 stopwatch
（时间变化秒表） 图标，添加
关键帧。

7. 将 **CTI（当前时间指示器）** 移动到 **1 秒（01:00）**。

8. 在 Composition（合成）面板中，双击蒙版形状以显示其自由变换点（free transform points）。
快捷键是 **Command**（Mac）**/Ctrl**（Windows）**+ T**。

9. 在右中心点上单击并向右拖动，直至显示整条水平线。

10. 在 Timeline（时间轴）上单击并拖曳鼠标，框选 Mask Path（蒙版路径）属性的两个关键帧。选择 **Animation（动画）> Keyframe Assistant（关键帧辅助）> Easy Ease（缓动）** 菜单命令以平滑动画。

11. 单击 **Play/Stop（播放/停止）** 按钮，可见显示线条的蒙版动画。选择 **File（文件）> Save（保存）** 菜单命令，保存项目文件。

使用轨道遮罩创建透明度

第 2 章介绍了轨道遮罩的概念。轨道遮罩使用一个图层的透明度来显示其下方的另一个图层。本练习要创建一个矩形形状来显示单词 THE COVE。首先，为图层设置动画。

1. 将 **CTI（当前时间指示器）** 移动到 **2 秒（02:00）**。

2. 在 Timeline（时间轴）面板中选择 **Text: The Cove** 图层。按 P 键以仅显示 Position（位置）属性。

3. 目前，THE COVE 一词处于最终位置。通过单击 Position（位置）属性旁边的 **stopwatch（时间变化秒表）图标**，添加关键帧。

4. 将 **CTI（当前时间指示器）** 移动到 **1 秒（01:00）**。

5. 转到 Composition（合成）面板。单击并将 THE COVE 一词拖动到水平线下方。

6. 在 Timeline（时间轴）上单击并拖曳鼠标，框选 Position（位置）属性的两个关键帧。选择 **Animation（动画）> Keyframe Assistant（关键帧辅助）> Easy Ease（缓动）** 菜单命令以平滑动画。

7. 单击 Timeline（时间轴）面板下方的灰色区域，或使用快捷键 **Command**（Mac）**/Ctrl**（Windows）+ **Shift + A**，取消选择所有图层。

不能使用蒙版来显示从水平线下方上升的单词 THE COVE，因为蒙版是图层的一部分并随之移动。这时就需要使用轨道遮罩了，也就是这里需要两个图层。

8. 在 Tools（工具）面板中选择 **Rectangle Tool（矩形工具）** 来创建第二个图层。确保在 Timeline（时间轴）面板中未选择任何图层。

9. 转到 Composition（合成）面板，在水平线上方绘制一个矩形。形状的颜色并不重要，只要确保它足够大，能覆盖标志就可以。绘制矩形时，将在 Timeline（时间轴）面板中生成形状图层（shape layer）。

使用 Rectangle Tool（矩形工具）
可创建蒙版和形状图层。选择图层
后，会创建蒙版；如果未选择任何
图层，则会绘制形状图层。

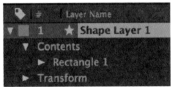

10. 在 Tools（工具）面板中选择 **Selection Tool（选取工具）**。

11. 选择 **Shape Layer 1（形状图层 1）** 图层并按 **Return/Enter** 键，将图层重命名为 **Track Matte**。

12. 单击并拖动 **Track Matte** 图层，将其置于 **Graphic: Line** 和 **Text: The Cove** 图层的中间。

13. 在 Timeline（时间轴）面板中选择 **Text: The Cove** 图层。

14. 单击 Timeline（时间轴）面板底部的 **Toggle Switches/Modes（切换开关 / 模式）** 按钮。

15. 在 **Text: The Cove** 图层的 Track Matte（轨道遮罩）下拉列表中，通过选择 **Alpha Matte "Track Matte"**（**Alpha 遮罩 "Track Matte"**）选项来定义轨道遮罩的透明度。

轨道遮罩图层的堆叠顺序很重要。
轨道遮罩图层必须位于它所显示的
图层之上。

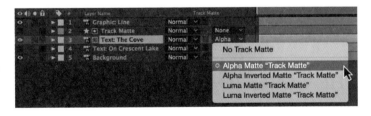

16. 单击 **Play/Stop（播放 / 停止）** 按钮，可见标志从水平线下方升起，通过 Alpha 遮罩显示出来。选择 **File（文件）> Save（保存）** 菜单命令，保存项目文件。

简单复习一下。在 Timeline（时间轴）面板中，通过将包含透明度内容的图层直接放置到目标图层上方来创建轨道遮罩。然后从 Track Matte（轨道遮罩）下拉列表中选择以下四个命令之一：Alpha Matte（Alpha 遮罩）、Alpha Inverted Matte（Alpha 反转遮罩）、Luma Matte（亮度遮罩）和 Luma Inverted Matte（亮度反转遮罩）。

对于本练习，Alpha Matte（Alpha 遮罩）使用形状图层的 Alpha 通道，就像它是下面标志图层的 Alpha 通道一样。这里请注意，Track Matte 图层的 Video（视频）开关（眼睛图标）已关闭。同时，两个新增的图标会显示在图层名称旁边，用来指示哪个图层表示遮罩、哪个图层表示填充。

制作标语动画

1. 在 Timeline（时间轴）面板中单击 **Video（视频）**开关，打开 **Text: On Crescent Lake** 图层的可见性，再次显示该图层。

2. 将 **CTI（当前时间指示器）**移动到 **3 秒（03:00）**。

3. 在 Timeline（时间轴）面板中选择 **Text: On Crescent Lake** 图层，然后进行以下操作：

   • 按 **P** 键以仅显示 Position（位置）属性

   • 按 **Shift + T** 键添加显示 Opacity（不透明度）属性

4. 此时，标语 ON CRESCENT LAKE 处于最终位置。单击 Position（位置）和 Opacity（不透明度）属性旁边的 **stopwatch（时间变化秒表）**图标。

5. 将 **CTI（当前时间指示器）**移动到 **2 秒（02:00）**。

6. 转到 Composition（合成）面板。单击并将标语稍微向上拖动，然后将 Opacity（不透明度）属性设置为 **0%**。

7. 在 Timeline（时间轴）上单击并拖曳鼠标，框选 Position（位置）属性和 Opacity（不透明度）属性的关键帧。选择 **Animation（动画）> Keyframe Assistant（关键帧辅助）> Easy Ease（缓动）**菜单命令以平滑动画。

◀ 使用 Position（位置）和 Opacity（不透明度）属性为标语创建关键帧动画。

8. 单击 **Play/Stop（播放/停止）**按钮。可以看到，此时标志动画差不多完成了。选择 **File（文件）> Save（保存）**菜单命令，保存项目文件。

应用样式指南中的颜色

1. 通过导入背景影片来增强动态设计项目的效果。双击 Project（项目）面板下方的灰色区域，打开

Import File（导入文件）对话框。

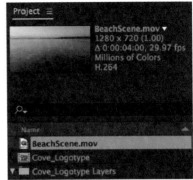

2. 找到 **Chapter_04 \ 01_Photoshop_Logo \ Footage** 义件头，选择 **BeachScene.mov** 文件，将其导入为素材。

3. 单击导入的素材，将其拖动到 Timeline（时间轴）面板，并置于 **Background** 图层的上方。

4. 删除 **Background** 图层。

5. 现在为动画标志匹配样式指南中的颜色，以提高视频背景与标志的对比度。单击 Timeline（时间轴）面板中的 **Text: The Cove** 图层。

6. 选择 **Effect（效果）>**
   Channel（声道）>Invert
   （反转） 菜单命令。此时标志变为白色。

7. 单击 Timeline（时间轴）面板中的 Graphic: Line 图层。

8. 选择 **Effect（效果）> Color Correction（颜色校正）> Tint（色调）** 菜单命令。

9. 在 Effect Controls（效果控件）面板中，单击 **Map Black To（将黑色映射到）** 属性后的色块，将颜色设置为 **R:245, G:140, B:65**，然后单击 **OK（确定）** 按钮。

Tint（色调）效果可使用指定的值替换像素颜色。如果看不到 Effect Controls（效果控件）面板，可选择 **Effect（效果）> Effect Controls（效果控件）** 菜单命令。

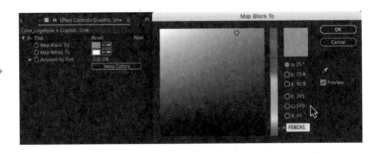

10. 单击 **Text: On Crescent Lake** 图层。选择 **Effect（效果）> Color Correction（颜色校正）> Tint（色调）** 菜单命令。

11. 在 Effect Controls（效果控件）面板中，单击 **Map Black To（将黑色映射到）** 属性后的色块，将颜色设置为 **R:155, G:190, B:240**，然后单击 **OK（确定）** 按钮。

◀ 使用 Tint（色调）效果更改标志的颜色，以匹配样式指南中规定的颜色。

预合成图层并添加图层样式

与 Photoshop 类似，After Effects 也提供了图层样式功能。**图层样式（layer styles）**可为图层设置效果，例如阴影、高光、斜面、渐变和描边等。在本练习的最后一部分，将为整个标志添加阴影。要做到这一点，必须先将图层组合或预合成在一起。

1. 单击 Timeline（时间轴）面板中的 **Graphic: Line** 图层。

2. 按住 Shift 键并单击第 4 个图层（**Text: On Crescent Lake 图层**）。此时前 4 个图层将被选中。

3. 选择 **Layer（图层）> Pre-compose（预合成）**菜单命令，弹出 Pre-compose（预合成）对话框，然后进行以下设置：

   • 将 New composition name（新合成名称）设置为 **Pre-comp: Logotype**

   • 确保选中 **Move all attributes into the new composition（将所有属性移动到新合成）**选项

   • 单击 **OK（确定）**按钮

◀ 通过 **Pre-compose（预合成）**命令，可以将 Timeline（时间轴）面板中选定的图层分组为单独的合成。这与在第 2 章中介绍的嵌套合成类似。预合成是一项有用的功能，允许将合成组织成更小、更易于管理的项目。

4. 选择 **Layer（图层）> Layer Styles（图层样式）> Drop Shadow（投影）**菜单命令。

5. 在 Timeline（时间轴）面板中，依次单击 **Layer Styles（图层样式）**属性和 **Drop Shadow（投影）**属性左侧的箭头图标，然后将 Size（大小）属性设置为 **15.0**。

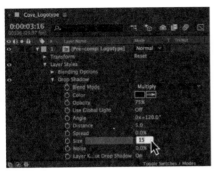

6. 单击 **Play/Stop（播放 / 停止）**按钮，查看项目效果。这样就完成了本练习。

7. 选择 **File（文件）> Save（保存）**菜单命令，保存项目文件。

4.6 练习 2：制作矢量与形状图层动画

在上一个练习中，已经创建了一个形状图层作为轨道遮罩。After Effects 中的**形状图层（shape layer）**包含称为"形状"的矢量图形对象。形状图层的特点在于它如何定义矢量。用户可以创建具有笔触和填充的形状，并将其缩放到任何大小，而不会丢失细节或像素质量。After Effects 允许用户通过应用路径操作来将形状的轮廓设置为动画，从而创建一些非常有趣的运动图形。

路径操作可以随时间操纵形状图层的轮廓。

本练习首先介绍形状图层。读者将从基础知识开始，学习如何在 Composition（合成）面板中创建和修改这些矢量图形对象，然后学习如何应用路径操作来增强在 Illustrator 中所制作标志的效果。

绘制和修改形状

如果读者已经熟悉如何在 Illustrator 中绘制形状，那么在 After Effects 中也会很容易上手。After Effects 中的许多形状工具（shape tools）都基于 Illustrator 的工具集。形状工具位于 Tools（工具）面板中，包含 Rectangle（矩形）、Rounded Rectangle（圆角矩形）、Ellipse（椭圆）、Polygon（多边形）、Star（星形）等工具。Pen Tool（钢笔工具）还允许用户创建贝塞尔形状。

◀ **形状工具（shape tools）**位于 Tools（工具）面板中。
单击并按住以弹出菜单。

1. 启动 After Effects 并创建一个新项目。

2. 选择 **Composition（合成）> New Composition（新建合成）**菜单命令，在弹出的对话框中进行以下设置：

   - Composition Name（合成名称）：**Shapes**

   - Preset（预设）：**HDV/HDTV 720 29.97**

   - Duration（持续时间）：**0:00:03:00（3 秒）**

   - 单击 **OK（确定）**按钮

3. 单击并按住 Tools（工具）面板中的 **Rectangle Tool（矩形工具）**按钮，在弹出的菜单中选择 **Star Tool（星形工具）**。

4. 在 Composition（合成）面板中单击并拖曳鼠标以绘制星形，同时可对其进行缩放和旋转。在释放鼠标左键之前，可以进行以下快捷键操作：

   - 按住 **Shift** 键时仅可进行缩放

   - 按住 **Space** 键可以移动其位置

   - 按↑键可以添加更多点

   - 按↓键可以删除点

5. 完成绘制后，释放鼠标左键。一个形状图层会自动添加到 Timeline（时间轴）面板中。After Effects 中的形状（shapes）由路径、描边和填充组成。Tools（工具）面板右侧的 Fill（填充）和 Stroke（描边）选项可用于选定的形状。

6. 在未选择形状的情况下，单击 **Fill（填充）**选项可以打开 Fill Options（填充选项）对话框。单击 **Radial Gradient（径向渐变）**按钮，然后单击 **OK（确定）**按钮。

　　填充和描边可以被设置为四种模式之一。Solid color（纯色）用一种颜色来绘制整个填充或描边。Linear Gradient（线性渐变）和 Radial Gradient（径向渐变）根据 Star Points（起始点）和 End Points（结束点）将两种或多种颜色混合在一起。在此练习中，描边模式设置为 None（无）。

7. 单击 **Fill（填充）**选项后面的**颜色图标**，打开 Gradient Editor（渐变编辑器）对话框。此处可以进行渐变颜色的组合。

8. 单击 **Color Stop（色标）**图标，更改颜色。选择想要进行径向渐变填充的任何颜色，然后单击 **OK（确定）**按钮。

可以通过单击渐变条添加其他的 Color Stop（色标）。要删除色标，可以选择它并按 **Delete** 键。

9. 在 Tools（工具）面板中选择 **Selection Tool（选取工具）**。

10. 若要调整形状内渐变填充的位置，可在 Timeline（时间轴）面板中选择 **Shape Layer 1（形状图层 1）**图层。然后在 Composition（合成）面板中，使用 **Selection Tool（选取工具）**，单击并拖动 Star Points（起始点）和 End Points（结束点）来修改渐变的位置。

11. 在 Timeline（时间轴）面板中，单击 **Shape Layer 1（形状图层 1）**图层左侧的箭头图标以显示形状的属性。属性包含在形状组中，每个形状组都有自己的属性和变换属性。

12. 单击 **Polystar Path 1（多边星形路径 1）**左侧的箭头图标以显示其属性。尝试使用每个属性值来修改多边星形的形状。可以注意到，这些属性名称旁边有 stopwatch（时间变化秒表）图标，这意味着可以为其添加关键帧而形成动画。在本练习中进行以下设置：

- 将 Points（点）设置为 **24**

- 将 Inner Radius（内径）设置为 **130**

- 将 Outer Roundness（外圆度）设置为 **−275**

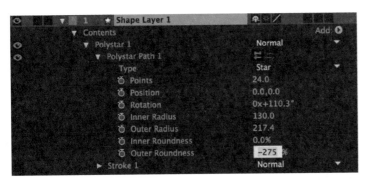

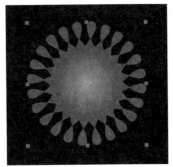

13. 通过路径操作可以获得一些扭曲失真效果，例如 Pucker & Bloat（收缩和膨胀）、Twist（扭转）、Zig Zag（Z字形）、Wiggle Paths（摆动路径）等。单击 Contents（内容）属性右侧的 **Add（添加）**

箭头按钮，在弹出的菜单中选择 **Pucker & Bloat（收缩和膨胀）**命令。

14. 单击 **Pucker & Bloat 1（收缩和膨胀1）**左侧的箭头图标，尝试通过其属性修改形状的路径。在本练习中，可将 **Amount（数值）**设置为 **-50**。

15. 保存当前项目并继续尝试设置形状图层。在 Composition（合成）面板中使用形状工具拖动来创建形状时，可以创建**参数化（parametric）**的形状路径。这些路径以数字化的方式定义，是可以从形状工具的弹出菜单中选择的基本形状。

Pucker & Bloat（收缩和膨胀）可以使形状顶点之间的路径弯曲，用 ▶
来创建一些独特的形状。

导入 Illustrator 分层文件并设置动画

前面已经介绍了形状图层及其基本的属性，下面继续使用它们来创建和制作动画。本练习将组合形状图层动画与 Illustrator 中设计的标志。在 **Chapter_04 \ Completed** 文件夹中找到并播放 **Innovati_Logo.mov** 文件，可以查看项目的最终效果。动画标志展示了一个名为 INNOVATI 的虚构的产品设计服务公司。

接下来，首先为 Illustrator 标志制作动画。

1. 保持当前的 After Effects 项目文件处于打开状态。

2. 选择 **File（文件）> Import（导入）> File（文件）**菜单命令，打开 Import File（导入文件）对话框。

3. 在 Import File（导入文件）对话框中，找到 **Chapter_04 \ 02_Illustrator_Logo \ Footage** 文件夹，选择 Innovati_Logo.ai 文件。

4. 在 **Import As（导入为）**处选择 **Composition-Retain Layer Sizes（合成 - 保持图层大小）**选项，然后单击 Open（打开）按钮。

5. 在 Project（项目）面板中双击 **Innovati_Logo** 合成，打开并将其显示在 Timeline（时间轴）面板和 Composition（合成）面板中。Illustrator 文件中的图层结构被保留。

6. 将 **CTI（当前时间指示器）** 移动到**第 15 帧（0:00:00:15）**。

7. 在 Timeline（时间轴）面板中选择 **Logo Person** 图层，然后进行以下操作：

   • 按 **S** 键以仅显示 Scale（缩放）属性

   • 按 **Shift + R** 键添加显示 Rotation（旋转）属性

8. 将 Scale（缩放）属性设置为 **0%**。

9. 单击 Scale（缩放）属性和 Rotation（旋转）属性旁边的 **stopwatch（时间变化秒表）** 图标。

10. 将 **CTI（当前时间指示器）** 移动到 **1 秒 15 帧（0:00:01:15）**，然后进行以下设置：

    • 将 Scale（缩放）属性设置为 **100%**

    • 将 Rotation（旋转）属性设置为 **1 × + 0.0°**（创建一个完整的 360° 旋转）

11. 在 Timeline（时间轴）上单击并拖曳鼠标，框选 Scale（缩放）属性和 Rotation（旋转）属性的关键帧。选择 **Animation（动画）> Keyframe Assistant（关键帧辅助）> Easy Ease（缓动）** 菜单命令以平滑动画。

12. 将 **CTI（当前时间指示器）** 移动到**第 15 帧（0:00:00:15）**。

13. 在 Timeline（时间轴）面板中选择 **Logo Circle** 图层。按 S 键以仅显示 Scale（缩放）属性，将其设置为 **0%**，然后单击旁边的 **stopwatch（时间变化秒表）** 图标。

14. 将 **CTI（当前时间指示器）** 移动到**第 25 帧（0:00:00:25）**。

15. 将 Scale（缩放）属性设置为 **140%**，这将在动画中创建一个**过冲（overshoot）**效果。这个基本原则适用于任何要停止的动画对象——在最终停止之前，物体会稍微错过停止点，产生钟摆般的运动，而不是突然结束。

16. 将 **CTI（当前时间指示器）** 移动到 **1 秒（01:00）**。

17. 将 Scale（缩放）属性设置为 **100%**。

18. 在 Timeline（时间轴）上单击并拖曳鼠标，框选 Scale（缩放）属性的三个关键帧。然后选择

Animation（动画）>Keyframe Assistant（关键帧辅助）> Easy Ease（缓动）菜单命令以平滑动画。

 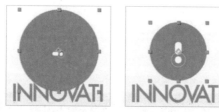 

◀ 通过在最后一个关键帧之前的几帧处将对象放大到略大于100%的状态，来创建动画中的过冲效果。

连续栅格化矢量图层

默认情况下，导入 After Effects 中的 Illustrator 图像会被栅格化，此时如果放大到超过100%，会导致图像模糊。对于矢量图层，可以在 Timeline（时间轴）面板中打开 **Continuously Rasterize（连续栅格化）** 开关。打开后，矢量图像在 After Effects 中会像在 Illustrator 中一样缩放。

1. 在 Timeline（时间轴）面板中打开 Logo Circle 图层的 **Continuously Rasterize（连续栅格化）** 开关。这将保证矢量路径清晰，因为它要放大到 **140%**。

2. 将 **CTI（当前时间指示器）** 移动到 **2 秒（02:00）** 。

3. 在 Timeline（时间轴）面板中选择 **Logo Type** 图层，然后进行以下操作：

   • 按 **P** 键以仅显示 Position（位置）属性。

   • 按 **Shift + T** 键添加显示 Opacity（不透明度）属性。

4. 此时 INNOVATI 一词已处于最终位置。单击 Position（位置）属性和 Opacity（不透明度）属性旁边的 **stopwatch（时间变化秒表）** 图标。

5. 将 **CTI（当前时间指示器）** 移动到 **1 秒（01:00）** 。

6. 转到 Composition（合成）面板。单击并将 INNOVATI 稍微向下拖动，将 Opacity（不透明度）属性设置为 **0%**。

7. 在 Timeline（时间轴）上单击并拖曳鼠标，框选 Position（位置）属性和 Opacity（不透明度）属性的关键帧。选择 **Animation（动画）> Keyframe Assistant（关键帧辅助）> Easy Ease（缓动）** 菜单命令以平滑动画。

重复并设置形状图层动画

可以直接在 Composition（合成）面板中绘制形状，After Effects 会向合成中添加新的形状图层。还可以选择 Layer（图层）菜单中的 Shape Layer（形状图层）命令，此时会自动将形状置于 Composition（合成）面板图像区域的中心。

1. 按 **Home 键将 CTI（当前时间指示器）** 移动到 Timeline（时间轴）的开头 **（00:00）**。

2. 选择 **Layer（图层）> New（新建）> Shape Layer（形状图层）** 菜单命令，形状图层将添加到 Timeline（时间轴）面板和 Composition（合成）面板中，默认内容为空。接下来要添加所需的形状类型。

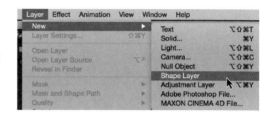

3. 在 Timeline（时间轴）面板中，单击 **Shape Layer 1（形状图层 1）** 图层左侧的箭头图标，显示形状的属性。请注意，其 Contents（内容）属性为空。

4. 单击 Contents（内容）属性右侧的 **Add（添加）** 箭头按钮，在弹出的菜单中选择 **Ellipse（椭圆）** 命令，将一个椭圆路径添加到形状图层的 Contents（内容）属性中。

5. 单击 **Ellipse Path 1（椭圆路径 1）** 属性左侧的箭头图标，将 Size（大小）属性设置为 **200，200**。这将与标志中 Illustrator 制作的圆形的大小相匹配。

6. 椭圆路径需要在 Composition（合成）面板中显示描边。单击 Contents（内容）属性右侧的 **Add（添加）** 箭头按钮，在弹出的菜单中选择 **Stroke（描边）** 命令。

7. 单击 **Stroke 1（描边 1）** 属性左侧的箭头图标。单击 Color（颜色）属性后面的颜色图标，弹出 Color（颜色）对话框，将 RGB 颜色设置为 **R:140, G:140, B:140**，然后单击 **OK（确定）** 按钮。这会将描边的颜色设置为灰色。

8. 将 Stroke Width（描边宽度）设置为 **4.0**。

9. 单击 Contents（内容）属性右侧的 **Add（添加）** 箭头按钮，在弹出的菜单中选择 **Repeater（中继器）** 命令，此时原始形状变为三个圆。中继器（repeater，又称为重复器）是一种路径操作，它能创建形状组中所有路径、描边和填充的副本。

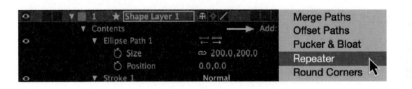
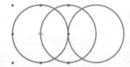

原始形状的副本仅出现在 Composition（合成）面板中，并不会在 Timeline（时间轴）面板中显示为新图层。

10. 单击 **Repeater 1（中继器 1）** 属性左侧的箭头图标，将 Copies（副本）设置为 **6.0**。

11. 单击 **Transform: Repeater 1（变换：中继器 1）** 属性左侧的箭头图标，在其中可以通过修改每个副本的位置、比例、旋转等属性，定义每个副本的变换方式。在本练习中进行以下设置：

- 将 Position（位置）属性设置为 **0.0, 0.0**（对齐原始形状下的所有副本）

- 将 Scale（缩放）属性设置为 **80%**（此时可以看到每个副本的变换属性是如何累积的）

- 将 Rotation（旋转）属性设置为 **0× ＋90.0°**（效果在此处不明显，因为所有副本都是圆形。它的效果将在接下来的练习中呈现）

12. 将 **CTI（当前时间指示器）** 移动到**第 15 帧（0:00:00:15）**，然后单击 Scale（缩放）属性旁边的 **stopwatch（时间变化秒表）** 图标。

13. 将 **CTI（当前时间指示器）** 移动到**第 25 帧（0:00:00:25）**，然后将 Scale（缩放）属性设置为 **100%**。所有副本都将向外扩展以达到原始形状的大小。

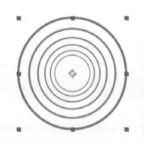

添加关键帧，为每个副本的 Scale（缩放）属性设置动画。

14. 在 Timeline（时间轴）上单击并拖曳鼠标，框选 Scale（缩放）属性的关键帧。选择 **Animation（动画）> Keyframe Assistant（关键帧辅助）> Easy Ease（缓动）** 菜单命令以平滑动画。

15. 保存当前项目。选择 **File（文件）> Save（保存）** 菜单命令。

16. 下面为形状图层添加另一个路径操作。单击 Contents（内容）属性右侧的 **Add（添加）** 箭头按钮，在弹出的菜单中选择 **Trim Paths（修剪路径）** 命令。**Trim Paths（修剪路径）** 属性将绘制原始形状的每个副本，它包含 Start（开始）和 End（结束）属性。

将 Trim Paths（修剪路径）属性 ▶
添加到形状图层，以创建"写入"
的效果。

17. 单击 **Trim Paths 1（修剪路径 1）** 属性左侧的箭头图标，将 End（结束）属性设置为 **0.0**。

18. 将 **CTI（当前时间指示器）** 移动到**第 5 帧（0:00:00:05）**，然后单击 End（结束）属性旁边的 **stopwatch（时间变化秒表）** 图标。

19. 将 **CTI（当前时间指示器）** 移动到**第 20 帧（0:00:00:20）**，然后将 End（结束）属性设置为 **100%**。

20. 在 Timeline（时间轴）上单击并拖曳鼠标，框选 End（结束）属性的关键帧。选择 **Animation（动画）> Keyframe Assistant（关键帧辅助）> Easy Ease（缓动）** 菜单命令以平滑动画。

21. 将 **CTI（当前时间指示器）** 移动到**第 25 帧（0:00:00:25）**。

22. 确保在 Timeline（时间轴）面板中选择了 **Shape Layer 1（形状图层 1）** 图层。按 **Option/Alt +]** 键修剪图层的 Set Out Point（出点）。

23. 单击并拖动 **Shape Layer 1（形状图层 1）** 图层，将其置于 **Logo Type** 图层的下方。选择图层名称，

然后按 **Return/Enter** 键，将图层重命名为 **Concentric Circles**。

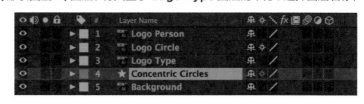

24. 单击 **Play/Stop（播放 / 停止）** 按钮。可见每个副本将从不同的位置上开始绘制，这是在步骤 11 中更改 Rotation（旋转）属性的结果。选择 **File（文件）> Save（保存）** 菜单命令，保存项目文件。

添加另一个形状图层

下面添加另一个形状图层并为其设置动画，以建立视觉重点。

1. 按 **Home** 键将 **CTI（当前时间指示器）** 移动到 Timeline（时间轴）的开头**（00:00）**。

2. 选择 **Layer（图层）> New（新建）> Shape Layer（形状图层）** 菜单命令，形状图层将添加到 Timeline（时间轴）面板和 Composition（合成）面板中。

3. 在 Timeline（时间轴）面板中，单击 **Shape Layer 1（形状图层 1）** 图层左侧的箭头图标，然后单击 Contents（内容）属性右侧的 **Add（添加）** 箭头按钮，在弹出的菜单中选择 **Ellipse（椭圆）** 命令。

4. 路径需要在 Composition（合成）面板中显示描边。单击 Contents（内容）属性右侧的 **Add（添加）** 箭头按钮，在弹出的菜单中选择 **Stroke（描边）** 命令。

5. 单击 **Stroke 1（描边 1）** 属性左侧的箭头图标。单击 Color（颜色）属性后面的颜色图标，弹出 Color（颜色）对话框，将 RGB 颜色设置为 **R:255, G:145, B:0**，然后单击 **OK（确定）** 按钮。这会将描边颜色设置为橙色。

6. 将 Stoke Width（描边宽度）属性设置为 **8.0**。

7. 将 **CTI（当前时间指示器）** 移动到**第15帧（0:00:00:15）**。

8. 单击 **Ellipse Path 1（椭圆路径 1）** 属性左侧的箭头图标，将 Size（大小）属性设置为 0，然后单击属性旁边的 **stopwatch（时间变化秒表）** 图标。

9. 将 **CTI（当前时间指示器）** 移动到 **1 秒（01:00）**。

10. 将 Size（大小）属性设置为 **1500**，使形状放大至超出 Composition（合成）面板图像区域的边缘。

11. 在 Timeline（时间轴）上单击并拖曳鼠标，框选 Size（尺寸）属性的两个关键帧。选择 **Animation（动画）> Keyframe Assistant（关键帧辅助）> Easy Ease（缓动）** 菜单命令以平滑动画。

12. 单击并拖动 **Shape Layer（形状图层 1）** 图层，将其置于 Logo Type 图层的下方。将图层重命名为 **Orange Accent Circle**。

13. 单击 **Play/Stop（播放 / 停止）** 按钮。至此，标志动画就基本完成了。选择 **File（文件）> Save（保存）** 菜单命令，保存项目文件。

◀ 第二个形状图层动画的作用是制作标志的视觉重点。

预合成标志动画

标志目前并不在 Composition（合成）面板图像区域的居中位置。在本练习的最后一部分中，需要把标志图层组合或预合成在一起，形成新合成，然后为新合成设置动画。

1. 单击 Timeline（时间轴）面板中的 **Logo Person** 图层。

2. 按住 **Shift** 键并单击第 3 层（**Logo Type** 图层）。此时前 3 个图层将被选中。

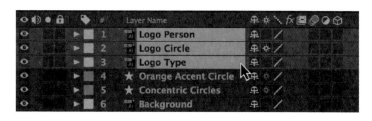

3. 选择 **Layer（图层）> Pre-compose（预合成）**菜单命令，弹出 Pre-compose（预合成）对话框，然后进行以下设置：

   • 将 New composition name（新合成名称）设置为 **Pre-comp: Logo Animation**

   • 确保选中 **Move all attributes into the new composition（将所有属性移动到新合成）**选项

   • 单击 **OK（确定）**按钮

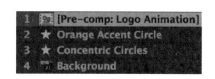

4. 三个图层在 Timeline（时间轴）面板中组合为一个图层。将 **CTI（当前时间指示器）**移动到 **1 秒（01:00）**。

5. 选择 **Pre-comp: Logo Animation** 图层，按 P 键以仅显示 Position（位置）属性。

6. 单击 Position（位置）属性旁边的 **stopwatch（时间变化秒表）**图标。

7. 将 **CTI（当前时间指示器）**移动到 **4 秒（04:00）**。

8. 将 Position（位置）属性设置为 **640.0, 325.0**。这将使新合成在 Composition（合成）面板图像区域中略微向上移动，以更好地居中。

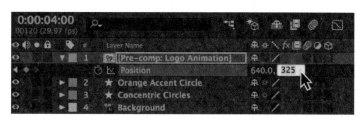

9. 单击 **Play/Stop（播放 / 停止）**按钮，查看项目效果。选择 File（文件）> Save（保存）菜单命令，保存项目文件。

4.7 练习 3：制作字幕条覆盖动画

在本练习中，将在屏幕的标题安全区域和动作安全区域底部三分之一处设置图形覆盖动画。这在广播电视行业中通常被称为字幕条，用来显示屏幕上人物或内容的标志或文本。在 **Chapter_04 \ Completed** 文件夹中找到并播放 **FloralFinders_Thirds.mov** 文件，可以查看项目的最终效果。此项目是一个名为 Floral Finders 的虚构在线服务平台，用于比较花卉价格。

1. 打开 **Chapter_04 \ 03_LowerThirds** 文件夹中的 **03_FloralFinders_Start.aep** 文件。Project（项目）面板中包含完成此练习所需的素材。

2. 如果 **Lower Thirds** 合成未打开，可以在 Project（项目）面板中双击它。它包含 5 个图层。

设计字幕条图形时，使用标题安全区域和动作安全区域的参考线是非常有必要的。如第 1 章所述，电视机之间的过扫描不一致，因此设计师应该在安全区域内进行设计。那么，After Effects 中这些安全区域的参考线在哪里？

3. 在 Composition（合成）面板中，单击面板底部的 **Grid and Guide（选择网格和参考线选项）**按钮，在弹出的菜单中选择 **Title/Action Safe（标题 / 动作安全）**命令。使用该命令可以在显示或隐藏参考线之间切换。

字幕条图形要位于动作安全区域内，字幕条的文字 ▶
内容要位于标题安全区域内。
请注意，字幕条要从图像区域的边缘开始设计，因为计算机显示器和有些高清电视机可能会显示整个画面。

4：3 标题安全[

16：9 标题安全

16：9 动作安全

4. 在 Timeline（时间轴）面板中单击 **Video（视频）**开关，关闭 **Logo/Floral_Finders_Logo.ai** 和 **Logotype/Floral_Finders_Logo.ai** 图层的可见性，将两个图层隐藏。

5. 在 Timeline（时间轴）面板中选择 **Pink Bar** 图层，这是一个形状图层。接下来调整形状图层的锚点，使其可以正确缩放。要在不移动图层的情况下移动图层的锚点，需要在 Tools（工具）面板中选择 **Pan Behind(Anchor Point)Tool(向后平移（锚点）工具)**。

6. 在 Composition（合成）面板中，单击并将图层的锚点拖动到左侧。在拖动锚点时按住 **Command**（Mac）**/Ctrl**（Windows）键可使其与左中心对齐。

7. 在 Tools（工具）面板中选择 **Selection Tool（选取工具）**。

8. 将 **CTI（当前时间指示器）**移动到**第 10 帧（0:00:00:10）**。

9. 确保在 Timeline（时间轴）面板中选择了 **Pink Bar** 图层。按 S 键以仅显示 Scale（缩放）属性，然后进行以下设置：

- 单击 Scale（缩放）数值左侧的 **Constrain Proportions（约束比例）**图标以关闭比例缩放
- 将 Scale（缩放）属性设置为 **0%**
- 单击 Scale（缩放）属性旁边的 **stopwatch（时间变化秒表）**图标

10. 将 **CTI（当前时间指示器）**移动到 **1 秒（01:00）**。

11. 将 Scale（缩放）属性设置为 **100%**。

12. 在 Timeline(时间轴)上单击并拖曳鼠标，框选 Scale(缩放)属性的两个关键帧。选择 **Animation(动画)>Keyframe Assistant（关键帧辅助）>Easy Ease（缓动）**菜单命令以平滑动画。

13. 单击 **Play/Stop（播放 / 停止）**按钮，可见粉色条从左侧开始缩小。

14. 确保在 Timeline（时间轴）面板中选择了 **Pink Bar** 图层。通过选择 **Edit（编辑）> Duplicate（重复）**
    菜单命令来复制这个图层，快捷键是 **Command**（Mac）**/Ctrl**（Windows）**+ D**。这也将同时复制
    关键帧。

15. 选择复制的图层并按 **Return/Enter** 键，将图层重命名为 **White Bar**。

16. 在 Tools（工具）面板中单
    击 Fill（**填充**）选项后面的
    颜色图标。将颜色更改为白色，
    然后单击 **OK（确定）**按钮。

17. 单击并拖动 **White Bar** 图层，
    将其置于 **Pink Bar** 图层的下方。

18. 将 **CTI（当前时间指示器）**移动到**第 10 帧（0:00:00:10）**。

19. 单击 **White Bar** 图层颜色条的任意位置，然后向右拖动，将其左边缘与 CTI（当前时间指示器）对齐。

20. 按 **P** 键以仅显示 Position（位置）属性，将垂直位置（第二个数值）设置为 **610.0**。这将使 Composition
    （合成）面板中白色条的位置降低，创建下划线效果。

21. 单击 **Play/Stop（播放 / 停止）**按钮，可见粉色条首先移动，而白色条被作为视觉重点。选择
    File（文件）> Save（保存）
    菜单命令，保存项目文件。

    偏移复制的图层动画会创建一个视 ▶
    觉重点。

为 Illustrator 图层设置动画

1. 将 **CTI（当前时间指示器）** 移动到 **1 秒（01:00）**。

2. 在 Timeline（时间轴）面板中选择 **Logo/ Floral_Finders_Logo.ai** 图层，然后进行以下操作：

   - 按 **S** 键以仅显示 Scale（缩放）属性

   - 按 **Shift + R** 键添加显示 Rotation（旋转）属性

   - 单击 Scale（缩放）属性和 Rotation（旋转）属性旁边的 **stopwatch（时间变化秒表）** 图标

3. 将 **CTI（当前时间指示器）** 移动到 **第 10 帧（0:00:00:10）**，然后进行以下设置：

   - 将 Scale（缩放）属性设置为 **0%**

   - 将 Rotation（旋转）属性设置为 **0× −90.0°**

4. 在 Timeline（时间轴）上单击并拖曳鼠标，框选 Scale（缩放）属性和 Rotation（旋转）属性的关键帧。选择 **Animation（动画）> Keyframe Assistant（关键帧辅助）> Easy Ease（缓动）** 菜单命令以平滑动画。

5. 单击 **Video（视频）** 开关，打开 **Logo/Floral_Finders_Logo.ai** 图层的可见性，以显示图层。

6. 单击 **Play/Stop（播放 / 停止）** 按钮，可见小花标志按顺时针方向缩放并旋转。保存当前项目。

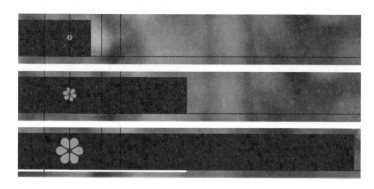

7. 单击 **Video（视频）开关**，打开**Logotype/Floral_Finders_Logo.ai** 图层的可见性，再次显示该图层。

8. 将 **CTI（当前时间指示器）** 移动到 **1 秒（01:00）**。

9. 在 Timeline（时间轴）面板中选择 **Logo/ Floral_Finders_Logo.ai** 图层。按 **P** 键以仅显示 Position（位置）属性。

10. 目前，标志处于最终位置。单击 Position（位置）属性旁边的 **stopwatch（时间变化秒表）** 图标。

11. 将 **CTI（当前时间指示器）** 移动到**第 10 帧（0:00:00:10）**。

12. 将 Position（位置）属性设置为 **295.0, 603.0**。这将创建一个标志略微向右滑动的动画。

13. 在 Timeline（时间轴）上单击并拖曳鼠标，框选 Position（位置）属性的关键帧。选择 **Animation（动画）> Keyframe Assistant（关键帧辅助）> Easy Ease（缓动）** 菜单命令以平滑动画。

14. 单击 **Play/Stop（播放 / 停止）** 按钮，查看效果。

通过轨道遮罩显示标志

1. 在 Timeline（时间轴）面板中选择 **Pink Bar** 图层，通过选择 **Edit（编辑）> Duplicate（重复）** 菜单命令来复制图层。快捷键是 **Command**（Mac）**/Ctrl**（Windows）**+ D**。

2. 选择复制的图层并按 **Return/Enter** 键，将图层重命名为 **Track Matte**。

3. 单击并拖动 **Track Matte** 图层，将其置于 **Logotype/Floral_Finders_Logo.ai** 图层的上方。

4. 选择 **Logotype/Floral_Finders_Logo.ai** 图层。

5. 单击 Timeline（时间轴）面板底部的 **Toggle Switches/Modes（切换开关 / 模式）** 按钮。

6. 在 **Logotype/Floral_Finders_Logo.ai** 图层的 Track Matte（轨道遮罩）下拉列表中，通过选择 **Alpha Matte "Track Matte"（Alpha 遮罩"Track Matte"）** 选项来定义轨道遮罩的透明度。

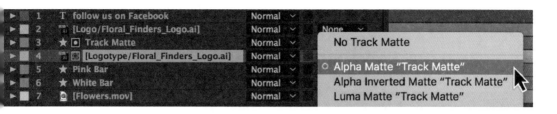

7. 转到 Composition（合成）面板，单击面板底部的 **Grid and Guide（选择网格和参考线选项）**按钮█，在
   弹出的菜单中选择 **Title/Action Safe（标题 /**
   动作安全）命令。这将隐藏设计时所用的安全区
   域参考线。

8. 单击 **Play/Stop（播放 / 停止）**按钮，可见
   Alpha 遮罩会在粉色条水平延伸时显示标志图
   层。选择 **File（文件）> Save（保存）**菜单命令，
   保存项目文件。

制作网络宣传文案

　　该练习项目即将完成，最后一部分是为宣传文案 Follow us on Facebook 设置动画。在设置这个
动画之前，也必须要给观众足够的时间来查看和阅读标志。

1. 将 **CTI（当前时间指示器）**移动到 **3 秒（03:00）**。

2. 选择 **Logo type/Floral_Finders_Logo.ai** 图层。按 **P** 键以仅显示 Position（位置）属性。

3. 单击 Position（位置）属性左侧的灰色菱形图标，这会在当前时间（3 秒）添加关键帧。左右的两个

   箭头用于跳转到 Timeline（时
   间轴）中的上一个或下一个关
   键帧。

4. 将 **CTI（当前时间指示器）**移
   动到 **4 秒（04:00）**。

5. 将 Position（位置）属性设置
   为 **1285.0, 603.0**。这将使标
   志从粉色条的右边缘移出。

6. 将 **CTI（当前时间指示器）**移
   动到 **3 秒（03:00）**。

7. 在 Timeline（时间轴）面板中选择 **Logo/ Floral_Finders_Logo.ai** 图层。如果 Rotation（旋转）属性未显示，可按 **R** 键将其显示。

8. 单击 Rotation（旋转）属性左侧的灰色菱形图标，这会在当前时间（3 秒）添加关键帧。

9. 将 **CTI（当前时间指示器）** 移动到 **4 秒（04:00）**。

10. 将 Rotation（旋转）属性设置为 **1× ＋0.0°**，以创建一个 360° 的旋转。

11. 单击 **Play/Stop（播放 / 停止）** 按钮，可见标志图层移动到粉色条外部时会消失，这是轨道遮罩的结果。保存当前项目。

12. 将 **CTI（当前时间指示器）** 移动到 **3 秒（03:00）**。

13. 单击 **Video（视频）** 开关，打开 **follow us on Facebook** 文本图层的可见性，以显示图层。

14. 选择文本图层，按 T 键以仅显示 Opacity（不透明度）属性，然后将 Opacity（不透明度）属性设置为 **0%**。

15. 单击 Opacity（不透明度）属性旁边的 **stopwatch（时间变化秒表）** 图标。

16. 将 **CTI(当前时间指示器)** 移动到 **4 秒(04:00)**。

17. 将 Opacity（不透明度）属性设置为 **100%**。

18. 在 Timeline（时间轴）上单击并拖曳鼠标，框选 Opacity（不透明度）属性的两个关键帧。选择 **Animation（ 动画 ）> Keyframe Assistant(关键帧辅助)> Easy Ease(缓动)** 菜单命令以平滑动画。

19. 单击 **Play/Stop（播放 / 停止）** 按钮，查看项目效果。选择 File（文件）> Save（保存）菜单命令，
保存项目文件。

4.8 练习 4：用描边效果模拟手写动画

　　After Effects 中的 Pen Tool（钢笔工具）有多种用途。它在操作上类似于 Photoshop 和
Illustrator 中的 Pen Tool（钢笔工具）。可以在 Composition（合成）面板或 Timeline（时间轴）
面板中的选定图层上使用 Pen Tool（钢笔工具）创建贝塞尔蒙版。如果在没有选定图层的情况下使用
Pen Tool（钢笔工具）绘制，则在新的形状图层上创建一个形状。

　　描边效果沿着使用 Pen Tool（钢笔工具）创
建的贝塞尔路径创建。用户可以指定描边的颜色、
不透明度和间距。添加几个关键帧，可以模拟在屏
幕上手写的效果。在 **Chapter_04 \ Completed**
文件夹中找到并播放 **Slash_Designs.mov** 文件，
可以查看项目的最终效果。

1. 打开 **Chapter_04 \ 04_Handwriting** 文件夹中的 **04_StrokeEffect_Start.aep** 文件。Project
（项目）面板中包含完成此练习所需的素材。

2. 如果 **StrokeEffect** 合成未打开，可在 Project（项目）面板中双击它。它包含 3 个图层。

3. 在 Timeline（时间轴）面板中选择 **Slash** 图层。

4. 在 Tools（工具）面板中选择 **Pen Tool（钢笔工
具）**。在 Composition（合成）面板中，从字母 S 的顶部开始，单击并拖曳鼠标以创建弯曲路径。完
成后，按住 **Command**（Mac）**/Ctrl**（Windows）键并单击鼠标左键以停止绘制。

5. 在 Timeline（时间轴）面板中保持选择 Slash 图层，然后沿着其他字母的笔画创建路径。在完成每个路径后，按住 **Command**（Mac）/ **Ctrl**（Windows）键并单击鼠标左键以停止绘制。

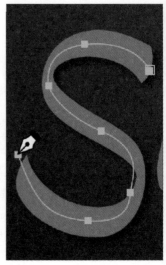

6. 使用 Pen Tool（钢笔工具）创建的每个贝塞尔路径在 Timeline（时间轴）面板中显示为属性图层。要显示图层的所有蒙版路径，可选择图层并按 **M** 键。

7. 在 Tools（工具）面板中选择 **Selection Tool（选取工具）**。

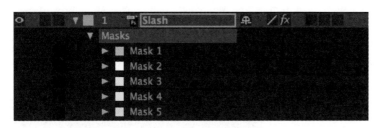

8. 选择 **Effect（效果）> Generate（生成）> Stroke（描边）** 菜单命令，将 Stroke（描边）效果应用于图层。

9. 转到 Effect Controls（效果控件）面板。可以让 Stroke（描边）效果跟随使用 Pen Tool（钢笔工具）创建的一个或多个路径。由于这里有多个路径，所以勾选 **All Masks（所有蒙版）** 选项。

10. 描边的颜色无关紧要，因为它只是用于显示 **Slash** 图层中的字母。将 Brush Size（画笔大小）属性设置为 **37.5**。

11. 将 **CTI（当前时间指示器）** 移动到第 **10** 帧（0:00:00:10）。

12. 在 Effect Controls（效果控件）面板中，将 End（结束）属性设置为 0。单击属性旁边的 **stopwatch（时间变化秒表）** 图标以添加关键帧。

13. 将 **CTI（当前时间指示器）**移动到 **2 秒（02:00）**。

14. 在 Effect Controls（效果控件）面板中，将 End（结束）属性设置为 **100**。这将在 Composition（合成）面板中按笔画顺序创建动画。

15. 要创建手写的最终效果，需要在 **Paint Style（绘画样式）**下拉列表中选择 **Reveal Original Image （显示原始图像）**选项。

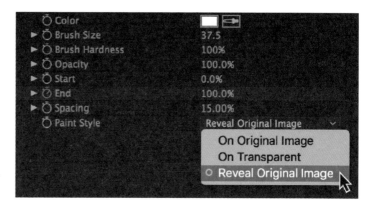

更改 Paint Style（绘画样式）属性以显示原始图像中的字母。

16. 将 **CTI（当前时间指示器）**移动到 **2 秒（02:00）**。

17. 选择 **Designs** 图层并按 T 键以仅显示 Opacity（不透明度）属性。将 Opacity（不透明度）属性设置为 **0%**，然后单击属性旁边的 **stopwatch（时间变化秒表）**图标。

18. 将 **CTI（当前时间指示器）**移动到 **2 秒 20 帧（0:00:02:20）**。将 Opacity（不透明度）属性设置为 **100%**。

19. 在 Timeline（时间轴）上单击并拖曳鼠标，框选所有关键帧。选择 **Animation（动画）> Keyframe Assistant（关键帧辅助）> Easy Ease（缓动）**菜单命令以平滑动画。

20. 单击 **Play/Stop（播放 / 停止）**按钮，查看效果。

21. 完成后，还可以进行渲染输出。选择 **Composition（合成）> Add to Render Queue（添加到渲染队列）**菜单命令，在 Render Queue（渲染队列）面板中进行以下设置：

- 单击 Output Module（输出模块）旁边的 **Lossless（无损）**

- 在打开的对话框中，将 Format（格式）设置为 **QuickTime**，然后单击 **Format Options（格式选项）**

按钮，将 Video Codec（视频编解码器）设置为 **H.264**

- 在 **Output To（输出到）** 右侧设置硬盘路径

- 单击面板右侧的 **Render（渲染）** 按钮

22. 选择 **File（文件）> Save（保存）** 菜单命令，保存项目文件。

本章小结

至此，就完成了动态标志设计的介绍。从客户那里获取的最理想的标志文件的格式是 AI（Illustrator）文件或 EPS（Encapsulated PostScript）文件。练习提供了不同的方法来准备或制作在 Photoshop 和 Illustrator 中创建的标志。

需要读者记住以下的一些技巧和要领。

■ Rectangle Tool（矩形工具）和 Pen Tool（钢笔工具）可创建蒙版或形状图层。

■ 当选择了图层，工具将创建蒙版。

■ 如果未选择图层，工具将绘制形状图层。

■ 形状图层包含矢量图形对象，可以缩放到任何尺寸大小而不会丢失任何细节或质量。

■ 形状图层呈现为栅格化对象。

下一章将介绍动态设计中的用户界面（UI）设计。

第**5**章

动态用户界面

用户界面（UI）是一种将用户与数字产品连接起来的方式，它通过图像和文本的移动传达复杂的概念和创意。动态效果可以引导用户的视线，并影响他们在屏幕上进行交互。本章探讨如何在用户界面中应用动态设计原则来提供反馈，并显示从一个屏幕到下一个屏幕的转换。

学习完本章后，读者应该能够了解以下内容：

- 了解用户体验（UX）设计的组成及术语
- 了解将动态设计原则引入 UI 设计的好处
- 使用 Graph Editor（图表编辑器）微调时间插值
- 将动态原理应用于 UI 图形元素
- 为移动设备构建基本的 UI 原型

5.1 以用户为中心的设计思维

设计师必须采用全流程的方法来理解用户，以及他们的任务和操作环境。用户也必须全程参与整个设计和开发过程。以用户为中心的设计过程是迭代的，并包含以下内容。

- **功能可见性（affordance）**：这是帮助用户了解如何使用对象的视觉线索。比如，如果一个组件看起来像一个按钮，那么它可能就是一个按钮。

- **心智和概念模型（mental and concept models）**：用户根据以前的经验预测对象的行为。比如，购物车就是用于在线购物的常见模型。

- **用户界面设计模式（UI design patterns）**：使用并重复已建立好的设计标准作为通用方式，用于放置图形用户界面元素、用户交互和反馈。

▲
以用户为中心的设计（user-centered design）是一个过程，它帮助设计师创建交互式内容和用户界面，这些内容和界面是可学习的、可用的，同时也应是有趣的。

任何数字设计都需要与用户产生共鸣。用户是感性的，他们有需求、希望和恐惧。设计师通过视觉传达来影响用户。用户经常会做出导致错误并破坏交互流程的事情，设计师通过观察可以真正理解如何解决设计问题并最终创建一个更好的项目。

与用户的共鸣包括以下方面：

- 是什么让用户认同买账？

- 是什么让用户感到困惑？

- 用户喜欢和讨厌的是什么？

- 是否有尚未解决的潜在需求？

5.2 什么是用户体验设计

用户体验（user experience，UX） 设计关注的是最终的整体交互体验对用户的效用程度和愉悦程度。无论使用何种设备，用户体验都和用户在与系统交互时的感受有关。用户体验设计包括若干设计阶段，以确定用户体验的效率和愉悦程度。对于动态设计来说，这些过程包括以下内容。

- **信息架构（information architecture）** 决定内容及其优先级，以及它出现在最终项目中的位置和时间。

- **用户界面设计（user interface design）** 有助于内容的交流，以及用户如何在任何给定的屏幕上处理内容。

- **交互设计（interaction design）** 建立用户控制内容的方法。

- **可用性测试（usability testing）** 确定交互的表现是否满足用户的需求和目标。

设计用户界面

　　作为用户体验设计的一个组成部分，UI 设计定义了帮助用户理解和交互的视觉线索。颜色、形状和大小有助于用户区分哪些内容是可点击的，哪些是不可点击的。如果按钮看起来不像按钮，则用户可能意识不到它。

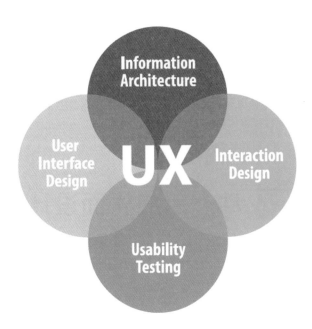

5.3 移动设备的设计

　　用户通过点击智能手机或平板电脑进行交互，这是一种直接操纵的形式。需要记住的一个关键因素是触摸手势与用鼠标单击的准确度不同。设计师必须增加图像、链接和按钮的目标空间大小，以减少用户的误操作。

那么，应该创建多大的按钮和链接？

- Apple 建议触摸目标的尺寸至少为 44 像素。

- Google 建议触摸目标尺寸为 48 像素。

- Microsoft 建议最小触摸目标尺寸为 34 像素，对应的 UI 控件尺寸为 26 像素。

　　用户通过一些常见手势与界面内容进行交互，这些常见的手势包括以下几种。

- **点击（tap）：** 用手指的压力激活按钮或链接。

- **按住并拖动（tap and drag）：** 此手势用于移动屏幕上的元素，例如移动应用程序的图标。

- **滑动（swipe）：** 此手势为方向性动作，通常用于访问屏幕菜单或浏览以幻灯片样式呈现的内容。

- **捏合（pinch）：** 此手势使用两个手指捏合，以控制屏幕上对象的缩放。

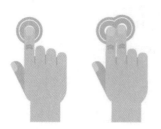

5.4 动态用户界面设计

将动态设计原则转换为静态的二维数字文档可以帮助用户理解他们正在查看的内容，了解手头的任务及他们所处的位置。将动态设计原则应用于项目可带来许多好处。

- **引导（guidance）：** 以不同的运动速度为用户提供了一个自然的流程节奏。

- **焦点（focus）：** 引起了用户对物体和动作的注意。

- **指向性（orientation）：** 为用户揭示方向和相对位置。

- **参与感（engagement）：** 为内容增添额外的吸引力和愉悦感。

动态效果为屏幕上的元素添加了一个具有真实感的维度，这可以为用户提供连接和控制的感觉，因为他们可以看到操作如何改变用户界面的内容。通过适当的应用，动态效果也可以指示用户的控制。

- **因果（cause and effect）：** 当两个事件一个接一个地发生时，大脑就会解释这两个事件是相关的，第一个事件导致了第二个事件。当用户单击"提交"按钮，随后在线表单消失，这时他们会确定是自己的操作导致了这个结果。

- **反馈（feedback）：** 向用户表明他们的操作触发了响应。用户界面元素应该随着操作而发生变大、缩小、展开、旋转或折叠等变化。

- **关系（relationships）：** 动态效果可以描绘事物在层级上或空间上彼此之间的关系，增强用户对事物间关系深度的感知。

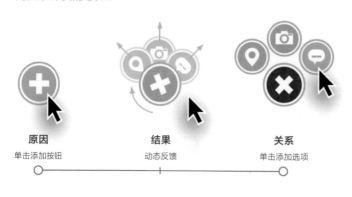

原因
单击添加按钮

结果
动态反馈

关系
单击添加选项

◀ 动态效果使按钮对用户的操作提供响应和反馈，目标是将用户的注意力集中在屏幕上。

- **进度（progression）：** 动态效果可以通过进度条显示用户操作的进度，还可以描绘系统当前正在执行的操作，例如加载动画或旋转沙漏。

- **转场过渡（transition）：** 动态效果可以表示内容、位置或时间的变化，这有助于将用户定位到他们所处的位置，以及展示如何在内容中移动。

　　正如动态效果可以集中用户的注意力一样，如果误用，也可能会破坏整体的用户体验。往项目添加动态效果时，请遵循以下有用的实践原则。

- **少即是多（Less is more）：** 过多的动态效果会产生视觉噪音，使用户无法专注于内容。只用它来引起注意即可。

- **不需要太长时间（Don't take forever）：** 用户不应该花很长的时间看一个动画。动效时长需要控制在既能有效地显示变化又不会干扰用户的范围内，以提高交互的感知度。

5.5 动态效果与含义

　　为界面元素创建转场过渡是当今设计网站和移动应用程序的一部分，极小的动态效果也可能会对用户体验产生很大的影响。那么，如何从一个场景转换到另一个场景并保持连续性呢？

- **淡化（fade）：** 这是一种常见的过渡，曾用于早期电影的镜头切换。淡化会将场景渐变为一种颜色，表示时间的流逝或不活跃。

- **擦除（wipe）：** 一个场景出现并替换上一个场景，产生清楚的变化。擦除可以向任何方向移动，并从一侧向另一侧打开。

- **缩放（zoom）：** 这是一种放大图像的效果。缩放对象可以传达层次结构并为用户提供焦点。

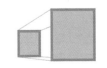

- **干净的出入点（clean entrances and exits）：** 对象退出场景后，将空场景保持一两秒钟；在对象进入场景之前，也保持场景为空。通过一两秒钟的空场景，能够使用户理解对象有时间在下一个场景中移动到不同的位置。

5.6 练习 1：模拟滑动手势

点击或滑动是如何影响内容流的呢？对于移动设备的交互来说，同样重要的是理解用户实际上是如何在设备上选择阅读内容的。传达和浏览数字内容的模式有很多。**幻灯片（slideshow）**是一种常见的线性导航模型，类似于印刷书籍中的页面。

本练习介绍了如何制作简单的滑动手势动画，以从一个 UI 界面移动到下一个 UI 界面。本练习还探讨了使用 After Effects 中的 Graph Editor（图表编辑器）来微调关键帧动画。**Chapter_05** 文件夹中包含了完成本练习需要的所有文件，请先下载 **Chapter_05.zip** 文件。

1. 打开 **Chapter_05 \ 01_Graph_Editor** 文件夹中的 **01_Slideshow_Swipe-Start.aep** 文件。Project（项目）面板中包含完成此练习所需的素材。导入 Illustrator 文件时选择 Composition-Retain Layer Sizes（合成 - 保持图层大小）选项。

2. 如果 **Swipe** 合成未打开，可在 Project（项目）面板中双击它。它包含 Illustrator 文件中的 4 个图层。

3. 将 **CTI（当前时间指示器）** 移动到 **1 秒（01:00）**。

4. 在 Timeline（时间轴）面板中选择 **Screens** 图层。按 **P** 键以仅显示 Position（位置）属性。

5. 单击 Position（位置）属性旁边的 **stopwatch（时间变化秒表）** 图标。

6. 将 **CTI（当前时间指示器）** 移动到 **1 秒 10 帧（0:00:01:10）**。

---

7. 将 Position（位置）属性设置为 **511.0, 341.5**，这会将图层水平向左移动，使第二个屏幕与 Composition（合成）面板中的手机图形对齐。

▲
为屏幕设置动画以显示向左滑动的内容。

8. 单击 **Play/Stop（播放 / 停止）**按钮查看屏幕动画。保存当前项目。

9. 在 Timeline（时间轴）上单击并拖曳鼠标，框选 Position（位置）属性的两个关键帧，然后通过选择 **Edit（编辑）> Copy（复制）**菜单命令，或使用快捷键 **Command**（Mac）**/Ctrl**（Windows）**+ C** 复制它们。

10. 将 **CTI（当前时间指示器）**移动到 **2 秒（02:00）**。在动画中创建足够的暂停，使用户查看和理解屏幕上发生的事情。

11. 确保在 Timeline（时间轴）面板中选择了 **Screens** 图层。选择 **Edit（编辑）> Paste（粘贴）**菜单命令，或使用快捷键 **Command**（Mac）**/Ctrl**（Windows）**+ V** 粘贴关键帧。两个复制的关键帧从 2 秒处开始显示。

12. 确保仍然选择了两个粘贴的关键帧。选择 **Animation（动画）> Keyframe Assistant（关键帧辅助）> Time-Reverse Keyframes（时间反向关键帧）**菜单命令以反转动画。

13. 单击 **Play/Stop（播放 / 停止）**按钮查看屏幕向左移动的效果。暂停，然后将其设置为原始位置。选择 **File（文件）> Save（保存）**菜单命令，保存项目文件。

使用图表编辑器控制加速度

如第 2 章所述，After Effects 使用关键帧对空间和时间进行插值。空间插值在 Composition（合成）面板中被视为图层位置的运动路径。时间轴中的关键帧之间也会发生插值。

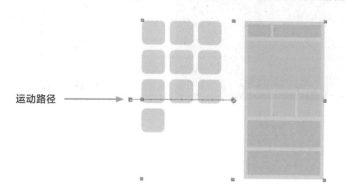

运动路径

空间插值在视觉上是由运动路径表示的。路径显示了动画在进行期间，图层在合成空间中的位置。

时间插值是指关键帧之间关于时间值的变化。默认的时间插值是线性的，其中时间值以恒定的速率变化。Keyframe Assistant（关键帧辅助）命令将 Easy Ease（缓动）应用于插值以创建平滑逼真的动效。

设计师可以通过 After Effects 中的 **Graph Editor（图表编辑器）** 查看和编辑时间插值，它会以图形的形式可视化地显示关键帧之间值的变化。可以选择关键帧并调整贝塞尔曲线控制柄（Bezier handles）以影响变化率或速度。

1. 选择 **Screens** 图层的 **Position**（位置）属性。这将突出显示 Timeline（时间轴）中的所有关键帧。

2. 选择图层后，单击 Timeline（时间轴）面板顶部的 **Graph Editor（图表编辑器）** 图标 。此时颜色条被一个显示位置随时间变化的图表替换。

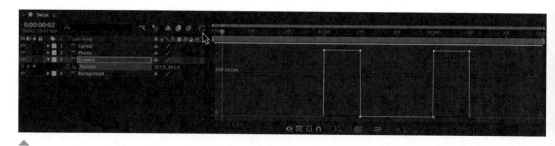

打开 Graph Editor（图表编辑器）。它将当前的线性插值显示为一系列的直线，这表示动态效果的变化率被设置为恒定数值。

3. 设计师可以在几种模式下查看图表。单击 Graph Editor（图表编辑器）底部的 **Graph Type and Options（选择图表类型和选项）** 按钮 ，然后在弹出的菜单中选择 **Edit Speed Graph（编辑速度图表）** 命令。

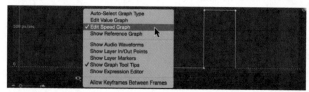

4. 再次选择 **Screens** 图层 **Position**（位

置）属性。这将突出显示 Graph Editor（图表编辑器）中的所有关键帧，它们以黄色方块表示。

5. 单击 Graph Editor（图表编辑器）底部的 **Easy Ease（缓动）**按钮。扁平的线将变为两个正弦波，从第一个关键帧向上弯曲，然后向下弯曲到第二个关键帧。

Easy Ease（缓动）会逐渐更改运动，并通过 ▶
Graph Editor（图表编辑器）中路径的斜率变
化反映出来。使用图表中的数据，可以计算和控
制任何**加速度（acceleration）**，包括速度变
化和时间变化。

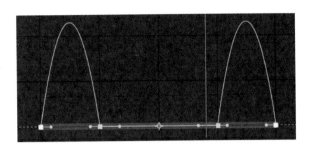

6. 单击图形区域中任意的空白位置，取消选择所有关键帧。

7. 单击第一个关键帧以显示贝塞尔曲线控制柄，然后将第一个控制柄向右拖动。拖动时会出现一个弹出式面板，它提示要应用的 Influence（影响）值。向右拖动手柄，直到 Influence（影响）值为 **100%**，释放鼠标左键。

通过单击并拖动贝塞尔曲线控制柄来更改路径的 ▶
斜率。影响值定义了速度突然变化的程度——斜
率越大，运动越快。

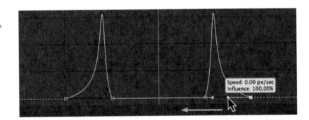

8. 单击最后一个关键帧，然后将控制柄向左拖动，直到 Influence（影响）值为 **100%**，释放鼠标左键。

调整贝塞尔曲线控制柄以控制动画的速度。这种 ▶
调整可使动作更快地开始，然后随着 CTI（当前
时间指示器）接近第二个关键帧而逐渐减慢。这
种运动被称为**减速（deceleration）**，它也是
加速度的一种形式，指物体的速度随着时间的推
移而减小。

9. 再次单击 **Graph Editor（图表编辑器）**
图标，隐藏速度图表并重新显示颜色条。

10. 单击 **Play/Stop（播放／停止）**按钮查
看时间插值的更改。这个动态效果会有
比较快捷的感觉。这种类型的动效可以
很好地将界面的响应性传达给用户。选择
File（文件）> Save（保存）菜单命令，
保存项目文件。

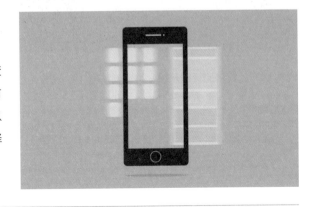

光标动画

动效用户界面（motion UI）可以更好地诠释用户界面设计的工作方式。这可以被称为**原型（proto-type）**，它代表了最终产品的外观，并模拟了人与人之间的交互。通常可以将一个圆形形状作为一个虚拟的"光标"，代表用户的手指在屏幕上点击或滑动的位置。本练习将制作光标图形的动画。

1. 将 **CTI（当前时间指示器）**移动到**第 15 帧（0:00:00:15）**。

2. 在 Timeline（时间轴）面板中选择 **Cursor** 图层，然后进行以下操作：

   - 按 **S** 键以仅显示 Scale（缩放）属性

   - 按 **Shift + T** 键添加显示 Opacity（不透明度）属性

   - 将 Scale（缩放）和 Opacity（不透明度）属性设置为 **0%**

   - 单击 Scale（缩放）和 Opacity（不透明度）旁边的 **stopwatch（时间变化秒表）**图标

3. 将 **CTI（当前时间指示器）**移动到**第 20 帧（0:00:00:20）**。

4. 将 Scale（缩放）属性设置为 **120%**。这将在动画中创建一个过冲（overshoot）效果，让光标的出现引人注目。

5. 将 Opacity（不透明度）属性设置为 **100%**。

6. 将 **CTI（当前时间指示器）**移动到**第 25 帧（0:00:00:25）**，然后将 Scale（缩放）属性设置为 **100%**。

7. 在 Timeline（时间轴）上单击并拖曳鼠标，框选 Scale（缩放）属性和 Opacity（不透明度）属性的关键帧。选择 **Animation（动画）> Keyframe Assistant（关键帧辅助）> Easy Ease（缓动）**菜单命令以平滑动画。

8. 将 **CTI（当前时间指示器）**移动到 **1 秒（01:00）**。

9. 按 **Shift + P** 键添加显示 Position（位置）属性，然后进行以下设置：

   - 将 Position（位置）属性设置为 **640.0, 320.0**

   - 单击 Position（位置）旁边的 **stopwatch（时间变化秒表）**图标

10. 在 Timeline（时间轴）上单击并拖曳鼠标，框选 Opacity（不透明度）属性的两个关键帧，然后通过选择 **Edit（编辑）> Copy（复制）**菜单命令，或使用快捷键 **Command**（Mac）**/Ctrl**（Windows）**+ C** 复制它们。

11. 将 **CTI（当前时间指示器）**移动到 **1 秒 5 帧（0:00:01:05）**。

12. 确保仍然选择了 **Cursor** 图层。选择 **Edit（编辑）> Paste（粘贴）**菜单命令，或使用快捷键 **Command**（Mac）**/Ctrl**（Windows）**+ V** 粘贴关键帧。

13. 确保仍然选择了两个粘贴的关键帧。选择 **Animation（动画）> Keyframe Assistant（关键帧辅助）> Time-Reverse Keyframes（时间反向关键帧）**菜单命令以反转动画。这将淡出图层。

14. 将 **CTI（当前时间指示器）**移动到 **1 秒 10 帧（0:00:01:10）**。

15. 将 Position（位置）数值设置为 **450.0, 320.0**。这会将图层水平向左移动以模拟滑动手势。

16. 在 Timeline（时间轴）上单击并拖曳鼠标，框选 Position（位置）属性的两个关键帧。选择 **Animation（动画）> Keyframe Assistant（关键帧辅助）> Easy Ease（缓动）**菜单命令以平滑动画。

17. 选择图层后，单击 Timeline（时间轴）面板顶部的 **Graph Editor（图表编辑器）**图标 图。

18. 单击第一个 Position（位置）属性的关键帧，然后将贝塞尔曲线控制柄向右拖动，直到 Influence（影响）值为 **100%**。释放鼠标左键。

19. 单击 **Play/Stop（播放 / 停止）**按钮查看时间插值的更改，同时可见通过向右滑动的光标动画，完成屏幕的移动。选择 **File（文件）> Save（保存）**菜单命令，保存项目文件。要查看已完成的项目示例，可以打开 **Chapter_05 \ 01_Graph_Editor** 文件夹中的 **01_Slideshow_Swipe-Done.aep** 文件。

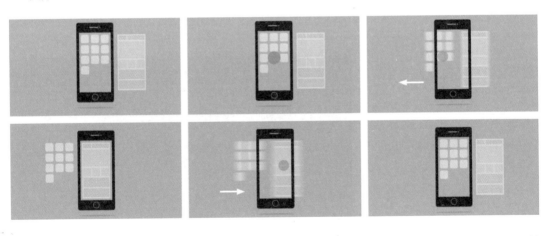

　　这样就完成了本练习，接下来简单复习一下。通过在 Graph Editor（图表编辑器）中查看斜率，可以获得大量有关动效的信息。设计师可以查看和控制动效的加速度——位置曲线的高度增加，说明动效具有加速度；随着动效的速度减慢，位置曲线会下降；水平线表示没有移动或位置变化。

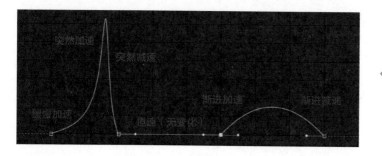

◀ Graph Editor（图表编辑器）上的水平线表示恒定速度，斜线表示加速度。线的斜率越大，加速度越大。如果线从左向右倾斜，意味着对象正在减速。

5.7 练习2：制作按钮动画

动效在界面中发挥着多种功能：它可以引导用户完成一个过程，改进交互的方向并提供关于交互的反馈。这将是本练习的重点。本练习通过分步教程，介绍了如何为按钮设置动画来加强交互。当向用户界面添加动作元素时，要确保动作补充了交互的小细节，以提高其可用性，同时还要有趣味性和情感吸引力。

在任何界面设计中所使用的动画都必须基于第1章中介绍的动画原理。前面的练习侧重于渐入渐出的原理，接下来的练习将惯性跟随和运动重叠的原理应用于按钮的动态效果。

1. 打开 **Chapter_05 \ 02_Button_Animation** 文件夹中的 **02_Button_Start.aep** 文件。Project（项目）面板中包含完成此练习所需的素材。导入 Illustrator 文件时选择 Composition-Retain Layer Sizes（合成 - 保持图层大小）选项。

2. 如果 **Button** 合成未打开，可在 Project（项目）面板中双击它。它包含 Illustrator 文件中的5个图层。

请注意，该合成的大小未采用典型的4：3或16：9的宽高比，而是设置为手机的尺寸。

除了 Film & Video（胶片和视频）预设，Illustrator 和 Photoshop 也都提供了 Mobile（移动设备）预设。用于本练习的 Illustrator 文件是专门针对 iPhone 6（750像素×1334像素）设置的。

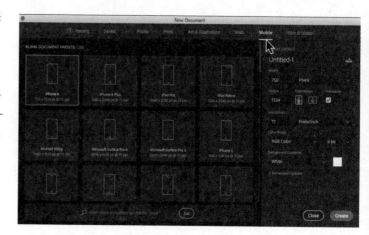

3. 在 Timeline（时间轴）面板中单击 **Video（视频）**开关，关闭 **Text** 和 **Rounded Rectangle** 图层的可见性，将图层隐藏。

4. 在 Timeline（时间轴）面板中选择 **Circle** 图层，然后进行以下设置：

- 按 S 键以仅显示 Scale（缩放）属性

- 将 Scale（缩放）属性设置为 **0%**

- 单击 Scale（缩放）属性旁边的 **stopwatch（时间变化秒表）**图标

5. 将 **CTI（当前时间指示器）**移动到**第 10 帧（0:00:00:10）**。

6. 将 Scale（缩放）属性设置为 **120%**。

7. 将 **CTI（当前时间指示器）**移动到**第 20 帧（0:00:00:20）**。

8. 将 Scale（缩放）属性设置为 **100%**。

9. 将 Easy Ease（缓动）效果应用于所有 Scale（缩放）关键帧以平滑动画。

10. 按 **Home** 键，将 **CTI（当前时间指示器）**移动到 Timeline（时间轴）的开头（00:00）。

11. 在 Timeline（时间轴）上单击并拖曳鼠标，框选 Scale（缩放）属性的三个关键帧，然后通过选择 **Edit（编辑）> Copy（复制）**菜单命令，或使用快捷键 **Command**（Mac）**/Ctrl**（Windows）**+ C** 复制它们。

12. 选择 **Arrow** 图层。按 S 键以仅显示 Scale（缩放）属性，然后单击 Scale（缩放）属性旁边的 **stopwatch（时间变化秒表）**图标。

13. 确保仍然选择了 **Arrow** 图层。选择 **Edit（编辑）> Paste（粘贴）**菜单命令，或使用快捷键 **Command**（Mac）**/Ctrl**（Windows）**+ V** 粘贴关键帧。复制的关键帧从 Timeline（时间轴）的开头出现。

14. 确保仍然选择了 **Arrow** 图层，然后进行以下设置：

- 按 Shift + R 键添加显示 Rotation（旋转）属性

- 将 Rotation（旋转）属性设置为 0× –180.0°

- 单击 Rotation（旋转）属性旁边的 **stopwatch（时间变化秒表）**图标

15. 下面创建一个跟随动作，使箭头在其主要动作结束时摆动。这涉及在很短的时间内设置以下几个关键帧：

> • 将 **CTI（当前时间指示器）**移动到**第 15 帧（0:00:00:15）**
>
> • 将 Rotation（旋转）属性设置为 **0× +10.0°**
>
> • 将 **CTI（当前时间指示器）**移动到**第 20 帧（0:00:00:20）**
>
> • 将 Rotation（旋转）属性设置为 **0× −10.0°**
>
> • 将 **CTI（当前时间指示器）**移动到**第 25 帧（0:00:00:25）**
>
> • 将 Rotation（旋转）属性设置为 **0× +5.0°**
>
> • 将 **CTI（当前时间指示器）**移动到 **1 秒（0:00:01:00）**
>
> • 将 Rotation（旋转）属性设置为 **0× −5.0°**
>
> • 将 **CTI（当前时间指示器）**移动到 **1 秒 5 帧（0:00:01:05）**
>
> • 将 Rotation（旋转）属性设置为 **0× +0.0°**

16. 对所有 Rotation（旋转）属性的关键帧应用 Easy Ease（缓动）效果以平滑动画。

17. 单击 **Play/Stop（播放 / 停止）**按钮查看按钮动画及其跟随动作。选择 **File（文件）> Save（保存）**菜单命令，保存项目文件。

从矢量图层创建形状图层

1. 本练习的下一部分将重点介绍按钮的其余部分。单击 **Video（视频）**开关，打开 **Text** 和 **Rounded Rectangle** 图层的可见性，以显示图层。

2. 按 **Home** 键，将 **CTI（当前时间指示器）**移动到 Timeline（时间轴）的开头（00:00）。

3. 选择 **Rounded Rectangle** 图层。下面改变定义矢量形状的点，而不是缩放图层。遗憾的是，这里无法使用导入的 Illustrator 图像来直接获取各个点，而是需要创建一个形状图层。

4. 选择 **Layer（图层）> Create（创建）> Shapes from Vector Layer（从矢量图层创建形状）**菜单命令。**Rounded Rectangle** 图层上方会出现一个新的形状图层。

5. 将 **CTI（当前时间指示器）**移动到 **1 秒（01:00）**。

6. 选择 **Rounded Rectangle Outlines** 形状图层。依次单击 **Contents（内容）**属性、**Group 1（组 1）**属性和 **Path 1（路径 1）**属性左侧的箭头图标，然后单击

Path（路径）属性旁边的 **stopwatch（时间变化秒表）**图标。

7. 将 **CTI（当前时间指示器）**移动到**第 10 帧（0:00:00:10）**。

8. 在 Composition（合成）面板上单击并拖动鼠标，框选按钮右端的三个点。

9. 选择点后，将它们向左拖动，与圆的右侧对齐。拖动时按住 **Shift** 键可水平约束移动。

10. 对所有 Path（路径）属性的关键帧应用 Easy Ease（缓动）效果以平滑动画。由此可见，形状图层提供了一个很好的选择，以在 After Effects 中操作矢量图形。

为按钮名称设置动画

1. 将 **CTI（当前时间指示器）**移动到**第 20 帧（0:00:00:20）**。

2. 在 Timeline（时间轴）面板中选择 **Text（文本）**图层。按 **P** 键以仅显示 Position（位置）属性。

3. 目前，DOWNLOAD 一词处于最终位置。单击 Position（位置）属性旁边的 **stopwatch（时间变化秒表）**图标。

4. 将 **CTI（当前时间指示器）**移动到**第 10 帧（0:00:00:10）**。

5. 将 Position（位置）属性设置为 **356.0, 1210.0**。这会将单词向下移动到按钮形状之外。

6. 在 Timeline（时间轴）上单击并拖曳鼠标，框选 Position（位置）属性的两个关键帧。选择 **Animation（动画）> Keyframe Assistant（关键帧辅助）> Easy Ease（缓动）**菜单命令以平滑动画。

7. 接下来使用轨道遮罩来显示单词。单击并拖动 **Rounded Rectangle** 图层，将其置于 **Text** 图层的上方。

8. 选择 **Text** 图层，单击 Timeline（时间轴）面板底部的 **Toggle Switches/Modes（切换开关/模式）**按钮。

9. 在 **Text** 图层的 Track Matte（轨道遮罩）下拉列表中，选择 **Alpha Matte "Rounded Rectangle"（Alpha 遮罩 "Rounded Rectangle"）**选项，以定义轨道遮罩的透明度。

10. 单击 **Play/Stop（播放/停止）**按钮查看操作中的轨道遮罩。Alpha 遮罩在按钮的形状水平缩放时显示文本。选择 **File（文件）> Save（保存）**菜单命令，保存项目文件。

使用图表编辑器优化动效

1. 该练习基本完成，但仍需要对每个图层的动效进行一些改进。确保在 Timeline（时间轴）面板中选择了 **Text（文本）**图层。

2. 选择图层后，单击 Timeline（时间轴）面板顶部的 **Graph Editor（图表编辑器）**图标圖。

3. 单击 **Position（位置）**属性名称以显示其速度图表。

4. 单击第一个 Position（位置）属性的关键帧，然后将贝塞尔曲线控制柄向右拖动，直到 Influence（影响）的值为 **100%**。释放鼠标左键。

5. 选择 **Rounded Rectangle Outlines** 形状图层。按 U 键以显示其关键帧属性。

6. 单击 **Path（路径）**属性名称以显示其速度图表。

7. 单击第二个 Path（路径）属性的关键帧，然后将贝塞尔曲线控制柄向左拖动，直到 Influence（影响）的值为 **100%**。释放鼠标左键。

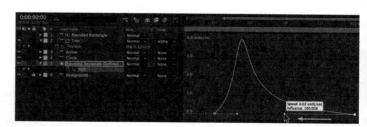

8. 选择 **Circle** 图层。按 U 键以显示其关键帧属性。

9. 单击 **Scale（缩放）**属性名称以显示其速度图表。

10. 单击第一个 Scale（缩放）属性的关键帧，然后将贝塞尔曲线控制柄向右拖动，直到 Influence（影响）值为 **100%**。释放鼠标左键。

11. 再次单击 **Graph Editor（图表编辑器）**图标圖，隐藏速度图表并重新显示颜色条。

12. 将 **CTI（当前时间指示器）**移动到**第 10 帧（0:00:00:10）**。

13. 选择 **Rounded Rectangle Outlines** 形状图层。按 **Option/Alt +【**键修剪图层颜色条的入点。

14. 选择 **File（文件）> Save（保存）**菜单命令，保存项目文件。要查看已完成的项目示例，可以打开 **Chapter_05 \ 02_Button_ Animation** 文件夹中的 **02_Button_Done.aep** 文件。

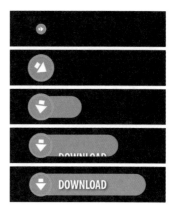

最终的按钮动画将形状图层与 Illustrator 矢量图形相结合。此外，它还使用跟随和重叠效果来增强效果的趣味性。这种按钮类型被称为**行为召唤**（call-to-action），因为它能起到向用户请求操作的目的。

5.8 练习 3：运用预期原理

在 UI 动效设计中，内容面板可以在用户进行显示或隐藏信息的操作时缩小或扩展。本练习介绍了如何为 Illustrator 中创建的菜单面板设置动画。这个动画原型是一个虚构的天气应用程序。此外，它还使用了预期这一动画原理，这可以为随后的主要运动提供线索。在 **Chapter_05 \ Completed** 文件夹中找到并播放 **Anticipation_Menu.mov** 文件，可以查看项目的最终效果。

预期（anticipation）是在主要运动之前的一个微小的相反运动，可以为随后的主要运动提供线索。如果没有它，运动可能会显得出乎意料，甚至让用户感到不舒服。

在开始之前，先讨论一下设计 UI 原型的基本工作流程。它遵循与动态设计项目类似的过程。首先，绘制草图以了解内容层次结构和按钮位置。**线框图（wireframe）**通过使用结构性的简单网格组织草图来表示交互控件，这是一种设计的**低保真（low-fidelity）**表现形式。它对界面的内容进行了分组，并可视化地呈现了界面的基本结构。

低保真草图和线框图通常由表示按钮和其他 UI 控件的线框组合而成。在这一前期设计阶段，字体、图像、颜色和纹理都不需要表现出来。

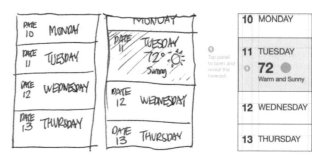

原型（prototype）可以将线框图的表现力提升到一个新的水平，并体现出内容、图像、颜色、纹理、功能和运动等。与线框图相比，原型是**高保真（high-fidelity）**的表现形式，用于正式的用户测试和评估。动效设计师通常以使用 Illustrator 或 Photoshop 中创建的高保真**模型（mockup）**，从客户端接收 UI 数据。在本练习中，创建了一个分层的 Illustrator 文件，用于显示面板在正常、闭合和展开状态下的外观。

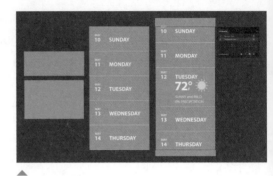

▲

模型是基于计算机软件生成的文件，它以静态格式显示内容并演示基本功能和用户反馈。动效设计师使用这些文件来构建 UI 原型。

1. 打开 **Chapter_05 \ 03_Menu** 文件夹中的 **03_Anticipation_Menu_Start.aep** 文件。Project（项目）面板中包含完成此练习所需的素材。导入 Illustrator 文件时选择 Composition-Retain Layer Sizes（合成 -保持图层大小）选项。

2. 如果 **Pre-comp: Menu_Assets** 合成未打开，可在 Project（项目）面板中双击它。它包含 5 个矢量图层。

3. 将 **CTI（当前时间指示器）**移动到 **1 秒（01:00）**。

4. 选择 **Sunday-Monday** 图层。按 **P** 键以仅显示 Position（位置）属性，然后单击 Position（位置）属性旁边的 **stopwatch（时间变化秒表）**图标。

5. 将 **CTI（当前时间指示器）**移动到 **1 秒 5 帧（0:00:01:05）**。

6. 将 Position（位置）属性设置为 **375.0, 350.0**。这将稍微向下移动图层，从而为面板扩展的主要运动创建视觉预期。

7. 将 **CTI（当前时间指示器）**移动到 **1 秒 20 帧（0:00:01:20）**。

8. 将 Position（位置）属性设置为 **375.0, 200.0**。

9. 在 Timeline（时间轴）上单击并拖曳鼠标，框选 Position（位置）属性的关键帧。选择 **Animation（动画）> Keyframe Assistant（关键帧辅助）> Easy Ease（缓动）**菜单命令以平滑动画。

为面板扩展动画的第一部分创建关键帧动画。第二个关键帧通过在主要运动之前沿相反的方向稍微移动图层来创建视觉预期。

10. 单击 **Play/Stop（播放 / 停止）** 按钮查看动画。保存当前的项目。

11. 为第二个图层创建一个类似的动画。将 **CTI（当前时间指示器）** 移动到 **1 秒（01:00）**。

12. 选择 **Wednesday–Thursday** 图层。按 **P** 键以仅显示 Position（位置）属性，然后单击 Position（位置）属性旁边的 **stopwatch（时间变化秒表）** 图标，添加关键帧。

13. 将 **CTI（当前时间指示器）** 移动到 **1 秒 5 帧（0:00:01:05）**。

14. 将 Position（位置）属性设置为 **375.0, 1150.0**。这将稍微向上移动图层，从而为面板扩展的主要动效创建视觉预期。

15. 将 **CTI（当前时间指示器）** 移动到 **1 秒 20 帧（0:00:01:20）**。

16. 将 Position（位置）属性设置为 **375.0, 1300.0**。

17. 对新添加的 Position（位置）属性关键帧应用 Easy Ease（缓动）效果。

为面板扩展动画的第二部分创建关键帧动画。

制作面板内容的动画

1. 将 **CTI（当前时间指示器）** 移动到 **1 秒 5 帧（0:00:01:05）**。

2. 选择 **Tuesday Text** 图层。按 **P** 键以仅显示 Position（位置）属性，然后单击 Position（位置）旁边的 **stopwatch（时间变化秒表）** 图标。

3. 将 **CTI（当前时间指示器）** 移动到 **1 秒 20 帧（0:00:01:20）**。

4. 将 Position（位置）属性设置为 **299.5, 600.0**。

5. 单击 **Video（视频）**开关，打开 **Tuesday Weather** 图层的可见性，以显示图层。

6. 将 **CTI（当前时间指示器）**移动到 **1 秒 5 帧（0:00:01:05）**。

7. 在 Timeline（时间轴）面板中选择 **Tuesday Weather** 图层，然后进行以下操作：

- 按 **P** 键以仅显示 Position（位置）属性

- 按 **Shift + T** 键添加显示 Opacity（不透明度）属性

- 将 Opacity（不透明度）属性设置为 **0%**

- 单击 Position（位置）属性和 Opacity（不透明度）属性旁边的 **stopwatch（时间变化秒表）**图标

8. 将 **CTI（当前时间指示器）**移动到 **1 秒 20 帧（0:00:01:20）**。

- 将 Position（位置）属性设置为 **453.5, 800.0**

- 将 Opacity（不透明度）属性设置为 **100%**

- 将 Easy Ease（缓动）效果应用于 Position（位置）和 Opacity（不透明度）属性的关键帧

9. 单击 **Play/Stop（播放 / 停止）**按钮来查看动画。

使用图表编辑器优化动画

1. 在 Timeline（时间轴）面板中选择 **Sunday–Monday** 图层。按 U 键以显示其关键帧属性。

2. 选择图层后，单击 Timeline（时间轴）面板顶部的 **Graph Editor（图表编辑器）**图标。

3. 单击 **Position（位置）**属性名称以显示其速度图表。

4. 单击第一个 Position（位置）属性的关键帧，然后将贝塞尔曲线控制柄向右拖动，直到 Influence（影响）值为 **100%**。释放鼠标左键。

5. 单击最后一个 Position（位置）属性的关键帧，然后将贝塞尔曲线控制柄向左拖动，直到 Influence（影响）值为 **100%**。释放鼠标左键。

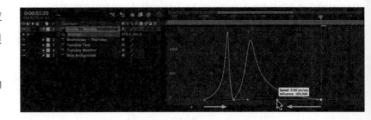

6. 选择 **Wednesday-Thursday** 图层。按 U 键以显示其关键帧属性。

7. 单击 **Position（位置）** 属性名称以显示其速度图表。

8. 重复与上一图层相同的设置：

   • 单击第一个 Position（位置）属性的关键帧，然后将贝塞尔曲线控制柄向右拖动，直到 Influence（影响）值为 **100%**。释放鼠标左键

   • 单击最后一个 Position（位置）属性的关键帧，然后将贝塞尔曲线控制柄向左拖动，直到 Influence（影响）值为 **100%**。释放鼠标左键

9. 在 Timeline（时间轴）面板中选择 **Tuesday Text** 图层。单击 **Position（位置）** 属性名称以显示其速度图表。

10. 单击第一个 Position（位置）属性的关键帧，然后将贝塞尔曲线控制柄向左拖动，直到 Influence（影响）值为 **100%**。释放鼠标左键。

11. 在 Timeline（时间轴）面板中选择 **Tuesday Weather** 图层。单击 **Position（位置）** 属性名称以显示其速度图表。

12. 单击第一个 Position（位置）属性的关键帧，然后将贝塞尔曲线控制柄向左拖动，直到 Influence（影响）值为 **100%**。释放鼠标左键。

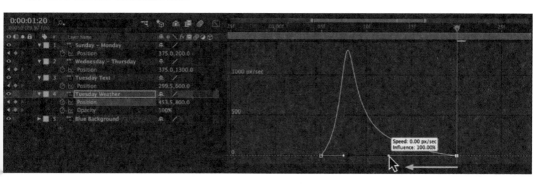

13. 再次单击 **Graph Editor（图表编辑器）** 图标 🔲，隐藏速度图表并重新显示颜色条。

14. 单击 **Play/Stop（播放 / 停止）** 按钮查看动画。该项目即将完成。下一步是通过更改面板的颜色来向用户显示反馈。选择 **File（文件）> Save（保存）** 菜单命令，保存项目文件。

更改面板的颜色

1. 在 Timeline（时间轴）面板中选择 **Blue Background** 图层。

2. 选择 **Effect（效果）> Color Correction（颜色校正）> Tint（色调）** 菜单命令。

3. 在 **Effect Controls（效果控件）** 面板中，单击 **Map Black To（将黑色映射到）** 属性后的色块，将颜色

设置为 **R:250, G:175, B:40**，然后单击 **OK（确定）**按钮。

4. 单击 **Map White To（将白色映射到）**属性后的色块，将颜色设置为 **R:250, G:175, B:40**，然后单击 **OK（确定）**按钮。

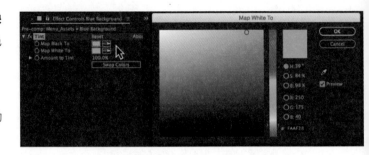

5. 将 **CTI（当前时间指示器）**移动到 **1 秒 5 帧（0:00:01:05）**。

6. 将 Amount to Tint（着色数量）设置为 **0%**。单击旁边的 **stopwatch（时间变化秒表）**图标。

7. 将 **CTI（当前时间指示器）**移动到 **1 秒 20 帧（0:00:01:20）**。

8. 将 Amount to Tint（着色数量）值更改为 **100%**。

9. 单击 **Play/Stop（播放 / 停止）**按钮查看动画。可以看到，更改图表编辑器的数值可以改变动态。选择 **File（文件）> Save（保存）**菜单命令，保存项目文件。

制作光标动画

接下来创建一个虚拟的"光标"，表示用户的手指点击菜单项。将使用形状图层创建光标图形。在此之前，首先创建一个新的合成。

1. 选择 **Composition（合成）> New Composition（新建合成）**菜单命令，在弹出的对话框中进行以下设置：

- Composition Name（合成名称）：**Pre-comp_CursorAnimation**

- Width（宽度）：**750**

- Height（高度）：**1334**

- Pixel Aspect Ratio（像素宽高比）：**方形像素**

- Frame Rate（帧率）：**29.97**

- Duration（持续时间）：**0:00:03:00（3秒）**

- 单击 **OK（确定）**按钮

2. 单击并将 **Pre-comp: Menu_Assets** 合成从 Project（项目）面板拖动到 Timeline（时间轴）面板。这样就嵌套了合成。

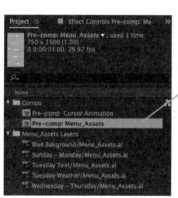

3. 单击 Timeline（时间轴）面板下方的灰色区域，或使用快捷键 **Command**（Mac）**/Ctrl**（Windows）**+ Shift + A**，取消选择所有图层。

4. 按住 **Rectangle Tool（矩形工具）**以打开弹出菜单，从中选择 **Ellipse Tool（椭圆工具）**。确保在 Timeline（时间轴）面板中未选择任何图层。

5. 转到 Composition（合成）面板。按住 **Shift** 键并在界面的左下角绘制一个圆圈，然后进行以下设置：

- 将形状图层的 Fill（填充）颜色设置为白色

- 将形状图层的 Stroke（描边）选项设置为 None（无）

6. 在 Timeline（时间轴）面板中，选择 **Shape Layer 1（形状图层 1）**图层并按 **Return/Enter** 键，将图层重命名为 **Cursor**。

7. 依次单击 **Ellipse 1（椭圆 1）**和 **Ellipse Path 1（椭圆路径 1）**属性左侧的箭头图标，然后将 Size（大小）属性设置为 **150.0**。

8. 选择 **Cursor** 图层。按住 **Command**（Mac）**/Ctrl**（Windows）键并双击 Tools（工具）面板中的 **Pan Behind(Anchor Point)Tool（向后平移（锚点）工具）** 按钮。这是将锚点移动到形状图层中心的快捷方式。

9. 在 Tools（工具）面板中选择 **Selection Tool（选取工具）**。

10. 确保仍然选择了 **Cursor** 图层。按 **P** 键以仅显示 Position（位置）属性。将 Position（位置）属性设置为 **106.0, 1450.0**，然后单击旁边的 **stopwatch（时间变化秒表）** 图标添加关键帧。

11. 将 **CTI（当前时间指示器）** 移动到**第 20 帧（0:00:00:20）**。

12. 将 Position（位置）属性设置为 **106.0, 675.0**。

13. 在 Timeline（时间轴）上单击并拖曳鼠标，框选 Position（位置）属性的关键帧。选择 **Animation（动画）> Keyframe Assistant（关键帧辅助）> Easy Ease（缓动）** 菜单命令以平滑动画。

14. 按 **Home** 键，将 **CTI（当前时间指示器）** 移动到 Timeline（时间轴）的开头 **（00:00）**。

15. 按 **Shift + T** 键添加显示 Opacity（不透明度）属性。将 Scale（缩放）属性和 Opacity（不透明度）属性均设置为 **0%**。单击 Opacity（不透明度）属性旁边的 **stopwatch（时间变化秒表）** 图标。

16. 将 **CTI（当前时间指示器）** 移动到**第 20 帧（0:00:00:20）**。

17. 将 Opacity（不透明度）属性设置为 **60%**。

18. 将 **CTI（当前时间指示器）** 移动到**第 25 帧（0:00:00:25）**。使用 Scale（缩放）属性可以模拟屏幕上的点击。

19. 按 **Shift + S** 键添加显示 Scale（缩放）属性。单击 Scale（缩放）属性旁边的 **stopwatch（时间变化秒表）** 图标。

20. 将 **CTI（当前时间指示器）** 移动到 **1 秒（01:00）**。

21. 将 Scale（缩放）属性设置为 **80.0**。

22. 将 **CTI（当前时间指示器）**移动到 **1 秒 10 帧（0:00:01:10）**，然后进行以下设置：

- 将 Scale（缩放）属性设置为 **130.0%**

- 将 Opacity（不透明度）属性设置为 **0%**

- 将 Easy Ease（缓动）效果应用于 Scale（缩放）关键帧

23. 单击 **Play/Stop（播放 / 停止）**按钮查看正在运行的光标动画。选择 **File（文件）> Save（保存）**菜单命令，保存项目文件。

构建 UI 原型

　　为了真正展示动态 UI 原型，接下来将制作的动画放在一个手机的图像中。这是完成项目并向客户展示最终产品外观的一个很好的方式。有很多方法可以完成这项工作。在本练习中，将使用手机的静态 Photoshop 图像。手机上的屏幕区域已被删除，留下一个透明区域（Transparency）来构建动态 UI 原型。

透明区域 →

1. 双击 Project（项目）面板下方的灰色区域，打开 Import File（导入文件）对话框。

2. 在 Import File（导入文件）对话框中，找到 **Chapter_05 \ 03_Menu \ Footage** 文件夹，选择 **Phone_Frame.psd** 文件。

3. 在 **Import As（导入为）**处选择 **Composition（合成）**选项，然后单击 **Open（打开）**按钮。

4. 在弹出的 **Phone_Frame.psd** 对话框中，单击 **OK（确定）**按钮。

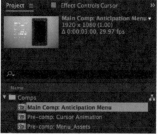

5. 在 Project（项目）面板中，将新合成移动到 **Comps** 文件夹中。选择合成并按 **Return/Enter** 键，将其重命名为 **Main Comp:**

Anticipation Menu。

6. 双击 **Main Comp: Anticipation Menu** 合成，以打开其 Timeline（时间轴）面板和 Composition（合成）面板。

7. 单击并将 **Pre-comp: Cursor Animation** 合成从 Project（项目）面板拖动到 Timeline（时间轴）面板，置于 **Phone_Frame** 图层的下方。这样就嵌套了另一个合成。

8. 选择 **Pre-comp: Cursor Animation** 图层。按 S 键以仅显示 Scale（缩放）属性，然后将 Scale（缩放）属性设置为 **53.0%**。

9. 转到 Composition（合成）面板，将合成适当移动，使其与图像中手机屏幕的内部贴合。

10. 单击 **Play/Stop（播放/停止）** 按钮。这样就完成了本练习。选择 **File（文件）> Save（保存）** 菜单命令，保存项目文件。

5.9 练习 4：替换用户界面屏幕

上一个练习中展示了如何在手机的图像中构建用户界面的动效原型。由于图像不包含透视效果，因此方法非常简单。如果图像成一定角度的话，应该怎么办呢？ **Corner Pin（边角定位）** 效果可以在这种情况下提供帮助。

Corner Pin（边角定位） 效果通过重新定位四个角来扭曲图像，通常用于拉伸或倾斜图像来模拟透视。Corner Pin（边角定位）效果适用于静态图像和数字视频素材。可以使用它将图层附加到 After Effects 中由动态跟踪器跟踪的移动矩形区域（在后面的章节中再深入探讨）。在本练习中，将在 Composition（合成）面板中应用并移动角点，以使用动态 UI 原型替换静态屏幕。

在 **Chapter_05 \ Completed** 文件夹中找到并播放 **Slideout_Menu.mov** 文件，可以查看项目的最终效果。动画原型是一个虚构的设计工作室。

动态 UI 原型是使用分层的 Photoshop 文件创建的，每个菜单项都在单独的图层上。图像大小设置为 750 像素 × 1334 像素（iPhone 6）。内容是在一个单独的文件中设计的，以允许图像模拟**滚动（scroll）**的效果。这个导航模型是使用一个连续的线性结构垂直传递内容。

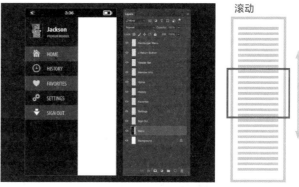

1. 打开 **Chapter_05 \ 04_Corner_Pin** 文件夹中的 **04_Slideout_Menu_Start.aep** 文件。Project（项目）面板中包含完成此练习所需的素材。导入 Photoshop 文件时选择 Composition-Retain Layer Sizes（合成 - 保持图层大小）选项。

2. 如果 **Precomp: UI_SlideoutMenu** 合成未打开，可在 Project（项目）面板中双击它。栅格图层已经设置了动画。创建一个形状图层作为光标，以模拟用户点击屏幕。选择每个图层并按 **U** 键以查看关键帧的创建方式。

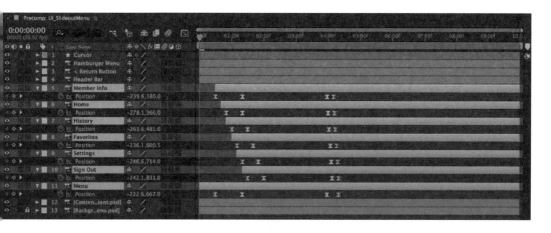

3. 双击 Project（项目）面板下方的灰色区域，打开 Import File（导入文件）对话框。

4. 在 Import File（导入文件）对话框中，找到 **Chapter_05 \ 04_Corner_Pin \ Footage** 文件夹，选
择 **DigitalStudio_Ad.psd** 文件。

5. 在 **Import As（导入为）** 处选择 **Composition–**
Retain Layer Sizes（合成 – 保持图层大小） 选
项，然后单击 **Open（打开）** 按钮。

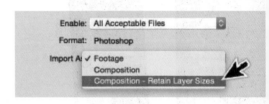

6. 在弹出的 **DigitalStudio_Ad.psd** 对话框中，单
击 **OK（确定）** 按钮。

7. 在 Project（项目）面板中，将新合成移动到 **Comps** 文件夹中。选择合成并按 **Return/Enter** 键，
将其重命名为 **Main Comp: DigitalStudio_Ad**。

8. 双击 **Main Comp: DigitalStudio_Ad** 合成以打开其 Timeline（时间轴）面板和 Composition（合成）
面板。

9. 单击并将 **Precomp: UI_SlideoutMenu** 合成从 Project（项目）面板拖动到 Timeline（时间轴）面
板，置于 **Expertise Text** 图层的下方。这样就完成了嵌套另一个合成的操作。

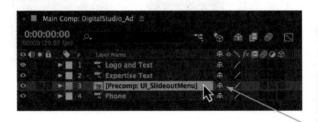

10. 按 S 键以仅显示 Scale（缩放）属性，然后将 Scale（缩放）属性设
置为 **75.0%**。

11. 选择 **Effect（效果）> Distort（扭曲）> Corner Pin（边角定位）** 菜单
命令。效果将被添加到图层，同时 Effect Controls（效果控件）面板被打开，其中包含四个属性：
Upper Left（左上）、Lower Left（左下）、Upper Right（右上）、Lower Right（右下）。

12. 转到 Composition（合成）面板。可以看到四个角中的每一个都有一个角点。单击并拖动每个角点，
让它与图像中手机屏幕的相应角对齐。

13. 单击 **Play/Stop（播放/停止）**按钮查看动画。
该项目即将完成。最后一步是在 UI 屏幕上模拟
一个微弱的眩光，使其与图像中的光照更好地
匹配。选择 **File（文件）> Save（保存）**菜单
命令，保存项目文件。

模拟照明效果

1. 确保 Timeline（时间轴）面板处于选择状态。选
择 **Layer（图层）> New（新建）> Solid（纯色）**
菜单命令，快捷键是 **Command**（Mac）**/Ctrl**
（Windows）**+ Y**，弹出 **Solid Settings（纯
色设置）**对话框。然后进行以下设置：

- 设置 Name（名称）为 **Light Effect**

- 单击 **Make Comp Size（制作合成大小）**按钮

- 将 Color（颜色）设置为**白色**

- 单击 **OK（确定）**按钮

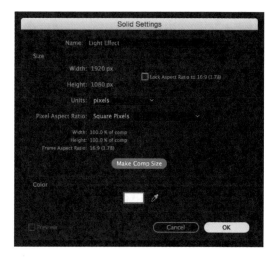

2. 实体图层被添加到 Timeline（时间轴）面板。使
用白色填充 Composition（合成）面板图像区域。
这里只需要在 UI 屏幕内显示白色，因此需要创
建轨道遮罩。

3. 在 Timeline（时间轴）面板中选择 **Precomp: UI_SlideoutMenu** 图层，通过选择 **Edit（编辑）>
Duplicate（重复）**菜单命令复制图层。快捷键是 **Command**（Mac）**/Ctrl**（Windows）**+ D**。

4. 选择复制的图层并按 **Return/Enter** 键，将图层重命名为 **Track Matte**。

5. 单击并拖动 **Track Matte** 图
层，将其置于 **Light Effect** 图
层的上方。

6. 选择 **Light Effect** 图层。

7. 单击 Timeline（时间轴）面板底部的 **Toggle Switches/Modes（切换开关/模式）**按钮。

8. 在 **Light Effect** 图层的 Track Matte（轨道遮罩）下拉列表中，通过选择 **Alpha Matte "Track Matte"**
（**Alpha 遮罩 "Track Matte"**）选项来定义轨道遮罩的透明度。

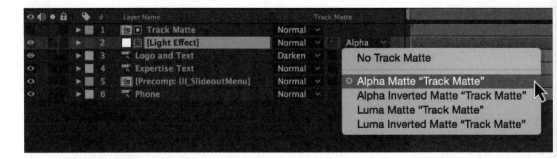

9. 确保仍然选择了 **Light Effect** 图层。选择 **Effect（效果）>Transition（过渡）> Linear Wipe（线性擦除）** 菜单命令。Linear Wipe（线性擦除）效果会沿指定方向擦除图层。**Wipe Angle（擦除角度）** 属性允许用户指定擦除的方向。

10. 在 Effect Controls（效果控件）面板中进行以下设置：

- 将 Transition Complete（过渡完成）值设置为 **60%**

- 将 Wipe Angle（擦拭角度）设置为 **0× +70.0°**

- 将 Feather（羽化）设置为 **150.0**

这些设置有助于模拟 UI 屏幕上的光。唯一的问题是颜色仍然不太透明，需要降低图层的不透明度才能使效果起作用。

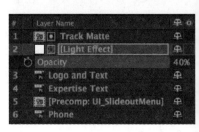

11. 确保仍然选择了 **Light Effect** 图层。按 **T** 键以仅显示 Opacity（不透明度）属性。

12. 将 Opacity（不透明度）属性设置为 **40%**。

13. 单击 **Play/Stop（播放 / 停止）** 按钮，查看效果。

14. 完成后进行渲染输出。选择 **Composition（合成）> Add to Render Queue（添加到渲染队列）** 菜单命令，在 Render Queue（渲染队列）面板中进行以下设置：

- 单击 Output Module（输出模块）旁边的 **Lossless（无损）**

- 在打开的对话框中，将 Format（格式）设置为 **QuickTime**，然后单击 **Format Options（格式选项）** 按钮，将 Video Codec（视频编解码器）设置为 **H.264**

- 在 **Output To（输出到）** 右侧设置硬盘路径

- 单击面板右侧的 **Render（渲染）** 按钮

15. 选择 **File（文件）> Save（保存）** 菜单命令，保存项目文件。

本章小结

至此，就完成了制作动态用户界面的章节介绍。练习提供了不同的方法来准备和使用在 Photoshop 和 Illustrator 中创建的用户界面元素并制作动画。本章还介绍了图表编辑器，它以图表的形式直观地显示关键帧之间值的变化。通过图表编辑器可以查看和编辑时间插值，设计师可以选择关键帧并调整其贝塞尔曲线来影响变化率或速度。

下一章将介绍动态信息图的设计方法。

第 **6** 章

动态信息图

将文字、形状和图像结合起来，就可以把信息可视化，并可以进行更好的传达。动态效果可以通过变化来进一步增强这种对信息的可视化表达，包括随着时间的推移改变对象的外观，例如大小、颜色或位置等。本章将会探讨动态效果如何在数据可视化中发挥作用。

学习完本章后，读者应该能够了解以下内容：

- 讨论不同的数据可视化类型
- 使用过渡效果为饼图设置动画
- 创建形状图层，制作条形图动画
- 在 After Effects 中使用父子层级关系
- 添加表达式来简化复杂的动画
- 在数字视频中使用动态跟踪
- 应用跟踪数据为其他图层设置动画

6.1 什么是信息图

　　信息图（infographic）是将统计数据与图形和文本相结合的一种富有创造性的图像形式。数据被可视化地排序、排列和呈现，其目的是让用户轻松理解所传达的信息。信息图主要有以下三个组成部分。

- **数据（data）**：是指来自定量统计、时间顺序事件、空间关系或信息分类的内容与数据。

- **知识（knowledge）**：是指需要使用数据传达给用户的整体信息或故事。

- **视觉效果（visuals）**：包括颜色、形状和符号等，通过这些元素来传达信息。

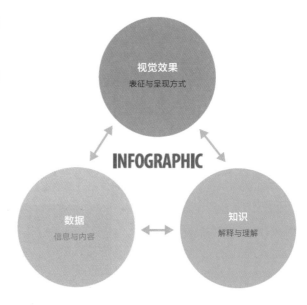

6.2 可视化数据

　　数据的视觉呈现方式仍然只是一堆数据，设计师必须首先解码数据并理解它，只有这样，才能实现构建视觉显示的目标。这里的视觉显示是要将数据转换为精确的、功能性的、易用的和在美学上令人愉悦的信息形式。

　　最高级别的数据类型既可以定量分析，也可以定性分析。**定量（quantitative）**数据涉及的是数量或可被测量的东西，如数量、尺寸、温度、价格和体积。测量某物并给出一个数值，即可创建定量数据。**定性（qualitative）**数据不易测量，但可以主观观察，如气味、味道、触觉和吸引力。如果要对某些内容进行分类或判断，则可以创建定性数据。

　　定量数据可以是**离散（discrete）**的，其中的数据具有有限个值，例如一周中的天数。不限定于有限的值，而可以是特定范围内任何值的数据称为**连续（continuous）**数据，例如一年中的降雨量。

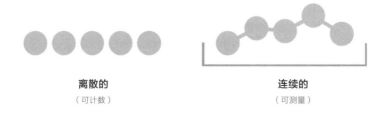

离散的
（可计数）

连续的
（可测量）

基于某些定性特征，可以将对象分组为有序或无序的类别。**有序分类数据（ordered categorical data）**定义了代表排名或按自然顺序的值，例如"矮、中、高"。**无序分类数据（unordered categorical data）**没有排名系统，例如可以根据对象的颜色对对象进行分组。

显示复杂的数据有哪些基本策略呢？有些策略看起来相当简单，这是因为我们认为它们的效用和功能看上去是理所当然的。表格、图表、示意图和地图等都是信息图领域中必不可少的工具。

- **表格（tables）：** 即使是最简单的表格，通过适当的信息组织和布局，也可以成为有效展示信息的方式，否则可能需要一些烦琐的语言描述。例如，一个简单的网格矩阵便可以用于呈现从棒球排名到航空时刻表等多种类型的数据。

- **图表（charts）：** 图表有很多不同类型。流程图描绘了一个或多个过程中阶段的移动。组织结构图描绘了公司或组织中的结构关系。条形图显示数据随时间的变化，或者可以比较不同的数据类别。饼图最好用于显示与较大整体相比较时的数据子集。

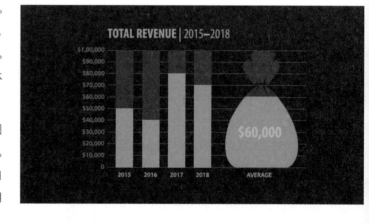

- **示意图（diagrams）：** 示意图描绘了各个部分如何协同工作。例如，说明图用于演示如何自己动手组装家具产品，食谱用于演示加工食物的步骤。

- **地图（maps）：** 可能没有比地图更广为人知的使用二维图形表示复杂的多维数据的例子了。每一幅成功的地图都是一个富有想象力的巧妙解决沟通难题的方法。当然，地图有多种形状和风格，服务于多种目的。

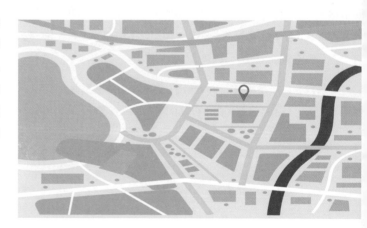

设计师可以将任何数据制作成可视化的信息图。但要怎么开始呢？首先要把数据理顺，排出优先级，然后确定要突出显示的内容。这有助于选择最佳的视觉表现形式。数据中的常见关系包括以下几种。

- **比较（comparison）**：条形图适用于此类关系，并可突出显示值之间的差异。

- **时间序列（time series）**：折线图可以显示连续数据的时间序列，垂直条形图可以显示离散数据。时间线通常沿水平的X轴（从左到右）显示，数值沿垂直的Y轴显示。

- **排名（ranking）**：条形图（垂直或横向）可以显示排名关系，它使用排序来突出显示最高值（降序）或最低值（升序）。

- **部分到整体（part-to-whole）**：最常见的是饼图，用于显示与较大整体相比的数据子集。

1. 垂直条形图——比较
2. 横向条形图——排名
3. 折线图——时间序列
4. 饼图——部分到整体

6.3 练习 1：制作饼图动画

既然已经掌握了最常见的数据类型和最有可能需要处理的数据关系的知识，那么下面介绍可以为这些数据制作动画的方法。第一个练习涉及饼图，这是用于说明部分与整体进行比较的情况中最常用的图表类型之一。在设计饼图时有以下要牢记的提示。

- **限定最多 5 个类别**：图表中的切片太多会降低数据可视化的效果，还可能影响内容的可读性。

- **验证总计为 100%**：饼图中的所有切片数据之和必须为 100%。

- **按比例缩放**：按比例缩放饼图切片与其对应的值。

- **按逻辑顺序排序**：从 12 点钟方向开始放置最大的部分，并沿着顺时针方向摆放。按顺序放置剩余部分，同样也是沿着顺时针方向。

以下练习提供了有关如何为在 Photo-shop 中创建的饼图设置动画的分步教程。Chapter_06 文件夹中包含了完成本练习需要的所有文件，请读者首先下载 Chapter_06.zip 文件。在 Chapter_06\Completed 文件夹中找到并播放 Coffee_Pie_Chart.mov 文件，可以查看项目的最终效果。

此动画饼图会为一家名为 Daily Grind Express 的虚构咖啡馆呈现出最畅销的咖啡饮品。该图稿是在 Photoshop 中设计的。饼图的每个部分都是在不同的图层上创建的，因此可以在动态设计项目中单独设置动画。

1. 打开 **Chapter_06 \ 01_Pie_Chart** 文件夹中的 **01_Pie_Chart_Start.aep** 文件。Project（项目）面板中包含完成此练习所需的素材。导入 Photoshop 文件时选择 Composition-Retain Layer Sizes（合成 - 保持图层大小）选项。

2. 如果 **Main Comp: Daily Grind Express** 合成未打开，可在 Project（项目）面板中双击它。它包含 Photoshop 文件中的 5 个图层。

3. 在 Timeline（时间轴）面板中选择 **ESPRESSO** 图层。

4. 选择 **Effect（效果）> Transition（过渡）> Radial Wipe（径向擦除）** 菜单命令。Effect Controls（效果控件）面板将作为 Project（项目）面板前面的新面板打开，它包含与效果关联的属性。Radial Wipe（径向擦除）效果使用围绕指定点旋转的擦除来显示图层。Start Angle（起始角度）确定过渡开始的位置，起始角度为 0° 时，过渡从顶部开始。

5. 在 Effect Controls（效果控件）面板中将 Wipe Center（擦除中心）属性的坐标更改为 **0.0, 215.0**。这会将效果的中心定位到饼图图形的中心。

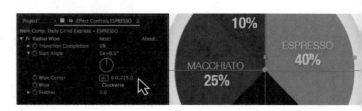

6. 将 Wipe（擦除）属性设置为 **Counterclockwise（逆时针）**。

7. 将 **CTI（当前时间指示器）**移动到**第 20 帧（0:00:00:20）**。

8. 将 Transition Completion（过渡完成）属性设置为 **100%**，
   这会擦除屏幕上的图层。单击属性旁边的 **stopwatch（时间变化秒表）**图标，添加关键帧。

9. 将 **CTI（当前时间指示器）**移动到 **1 秒 20 帧（0:00:01:20）**。

10. 将 Transition Completion（过渡完成）属性设置为 **60%**，这会显示饼图切片。

11. 在 Timeline（时间轴）上单击并拖曳鼠标，框选 Transition Completion（过渡完成）属性的关键
    帧。选择 **Animation（动画）> Keyframe Assistant（关键帧辅助）> Easy Ease（缓动）**
    菜单命令以平滑动画。

12. 单击 **Play/Stop（播放 / 停止）**按钮，可见第一个饼图切片通过擦拭出现在屏幕上。通常，Radial
    Wipe（径向擦除）效果会擦除本图层以显示底下的图层。在本练习中，在设置过渡效果的关键帧时
    进行了相反的操作，径向擦除按逆时针方向进行以显示本图层。

13. 保存当前项目。选择
    **File（文件）> Save
    （保存）**菜单命令。

14. 在 Timeline（时间轴）
    面板中选择 **CAPPUC-
    CINO** 图层。

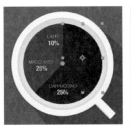

15. 选择 **Effect（效果）> Transition（过渡）> Radial Wipe（径向擦除）**菜单命令。在 Effect
    Controls（效果控件）面板中进行以下设置：

    • 将 Start Angle（起始角度）属性设置为 **0× + 120.0°**

    • 将 Wipe Center（擦除中心）属性设置为 **153.0, 0.0**

    • 将 Wipe（擦除）属性设置为 **Counterclockwise（逆时针）**

16. 将 **CTI（当前时间指示器）**移动到 **1 秒 20 帧（0:00:01:20）**。

17. 将 Transition Completion（过渡完成）属性设置为 **100%**，然后单击属性旁边的 **stopwatch（时间变化秒表）**图标。

18. 将 **CTI（当前时间指示器）**移动到 **2 秒 20 帧（0:00:02:20）**。

19. 将 Transition Completion（过渡完成）属性设置为 **70%**，这就显示了另一块饼图切片。

20. 将 Easy Ease（缓动）效果应用于 Transition Completion（过渡完成）关键帧。

21. 单击 **Play/Stop（播放 / 停止）**按钮，第二个饼图切片就通过擦拭出现在屏幕上。保存当前项目。

22. 在 Timeline（时间轴）面板中选择 **MACCHIATO** 图层。

23. 选择 **Effect（效果）> Transition（过渡）> Radial Wipe（径向擦除）**菜单命令。在 Effect Controls（效果控件）面板中进行以下设置：

　　• 将 Start Angle（起始角度）属性设置为 **0× +220.0°**

　　• 将 Wipe Center（擦除中心）属性设置为 **217.0, 152.0**

　　• 将 Wipe（擦除）属性设置为 **Counterclockwise（逆时针）**

24. 将 **CTI（当前时间指示器）**移动到 **2 秒 20 帧（0:00:02:20）**。

25. 将 Transition Completion（过渡完成）属性设置为 **100%**，然后单击属性旁边的 **stopwatch（时间变化秒表）**图标。

26. 将 **CTI（当前时间指示器）**移动到 **3 秒 20 帧（0:00:03:20）**。

27. 将 Transition Completion（过渡完成）属性设置为 **73%**，这将显示新的一块饼图切片。

28. 将 Easy Ease（缓动）效果应用于 Transition Completion（过渡完成）关键帧。

29. 单击 **Play/Stop（播放 / 停止）**按钮，第三个饼图切片就通过擦拭出现在屏幕上。保存当前项目。

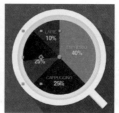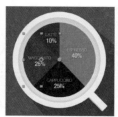

30. 在 Timeline（时间轴）面板中选择 **LATTE** 图层。

31. 选择 **Effect（效果）> Transition（过渡）> Radial Wipe（径向擦除）**菜单命令。在 Effect

Controls（效果控件）面板中进行以下设置：

- 将 Start Angle（起始角度）属性设置为 **0× + 312.0°**

- 将 Wipe Center（擦除中心）属性设置为 **154.0, 215.0**

- 将 Wipe（擦除）属性设置为 **Counterclockwise（逆时针）**

32. 将 **CTI（当前时间指示器）**移动到 **3 秒 20 帧（0:00:03:20）**。

33. 将 Transition Completion（过渡完成）属性设置为 **100%**，然后单击属性旁边的 **stopwatch（时间变化秒表）**图标。

34. **将 CTI（当前时间指示器）**移动到 **4 秒 20 帧（0:00:04:20）**。

35. 将 Transition Completion（过渡完成）属性设置为 **85%**，这将显示最后一个饼图切片。

36. 将 Easy Ease（缓动）效果应用于 Transition Completion（过渡完成）关键帧。

37. 单击 **Play/Stop（播放 / 停止）**按钮，查看效果。选择 File（文件）> Save（保存）菜单命令，保存项目文件。

6.4 练习 2：制作垂直条形图动画

本练习是关于条形图的。条形图在数据可视化方面非常有用，它们通常用于显示数据随时间的变化或比较不同的类别。条形图可以是垂直的或横向的。垂直条形图最适合按时间顺序排列的数据，横向条形图通常用于对数据进行排名。

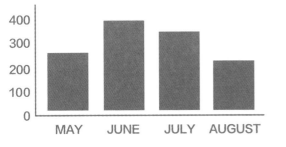

在设计条形图时有以下需要牢记的提示。

- **让文字保持水平方向：** 在条形图中不要使用对角线或垂直方向的文字，因为会降低可读性。

- **条形之间留足够的空间：** 使用条形宽度的一半来表示各条之间的距离。

- **从 0 开始：** 通常沿垂直的 Y 轴绘制数值，数值从 0 开始，以避免阅读和解释数据时的混乱。

本练习提供了有关如何为在 Illustrator 中创建的垂直条形图制作动画的分步教程。在 **Chapter_06 \ Completed** 文件夹中找到并播放 **Revenue_Bar_Chart.mov** 文件，可以查看项目的最终效果。项目是用动态的条形图可视化一个虚构的公司四年的收入。

原始图稿是使用 Illustrator 中的多个图层设计出来的。导入 Illustrator 文件 时 选 择 Composition-Retain Layer Sizes（合成 - 保持图层大小）选项。

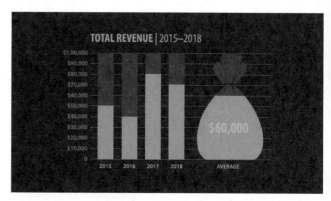

1. 打开 **Chapter_06 \ 02_Bar_Chart** 文件夹中的 **02_Bar_Chart_Start. aep** 文件。Project（项目）面板中包含完成此练习所需的素材。

2. 如果 **Main Comp: Revenue Bar Chart** 合成未打开，可在 Project（项目）面板中双击它。它包含 Illustrator 文件中的 5 个图层。

3. 在 Tools（工具）面板中选择 **Rectangle Tool（矩形工具）** 以创建形状图层。确保 Timeline（时间轴）面板中未选择任何图层。

4. 单击 **Fill（填充）** 选项后面的 **颜色图标**，打开 Shape Fill Color（形状填充颜色）对话框。单击 **滴管图标**，然后在 Composition（合成）面板中单击一个绿色条，这样就设置了形状图层的填充颜色。

5. 单击 **OK（确定）** 按钮，关闭对话框。确保 Stroke（描边）选项设置为 **None（无）**。

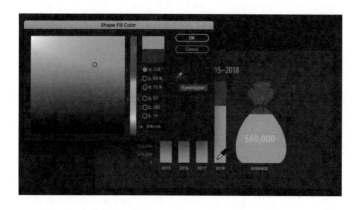

6. 在 Timeline（时间轴）面板中单击 **Video（视频）** 开关，关闭 **Green Bars** 图层的可见性，将图层隐藏。

7. 接下来将不使用 Illustrator 图像，
   而是为每个条形创建形状图层来设
   置后面的动画。转到 Composition
   （合成）面板，单击并拖曳鼠标以
   创建覆盖第一个灰色条的矩形。

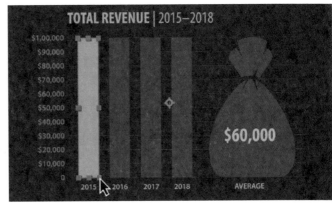

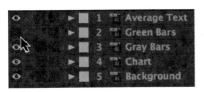

8. 调整形状图层的锚点，使其可以正确缩放。要在不移动图层的情况下移动图层的锚点，需要在 Tools（工具）面板中选择 **Pan Behind(Anchor Point)Tool（向后平移（锚点）工具）**。

9. 转到 Composition（合成）面板。单击并将图层的锚点 ◇ 拖动到底部中心，拖动时按住 **Command** 键使其与底部中心对齐。

10. 在 Tools（工具）面板中选择 **Selection Tool（选取工具）**。

11. 选择形状图层并按 **Return/Enter** 键，将图层重命名为 **2015**。

12. 按 **Home** 键将 **CTI（当前时间指示器）** 移动到 Timeline（时间轴）的开头 **（00:00）**。

13. 确保在 Timeline（时间轴）面板中选择了 **2015** 图层。按 S 键以仅显示 Scale（缩放）属性，然后进行以下设置：

   • 单击 Scale（缩放）数值左侧的 **Constrain Proportions（约束比例）** 图标 以关闭比例缩放

   • 将第二个 Scale（缩放）属性设置为 **0%**

   • 单击 Scale（缩放）属性旁边的
     stopwatch（时间变化秒表） 图标

14. 将 **CTI（当前时间指示器）** 移动到**第 20 帧（0:00:00:20）**。

15. 将第二个 Scale（缩放）属性设置为 **50%**，以匹配 Illustrator 图像。

16. 在 Timeline（时间轴）上单击并拖曳鼠标，框选 Scale（缩放）属性的两个关键帧。选择 **Animation（动画）> Keyframe Assistant（关键帧辅助）> Easy Ease（缓动）**菜单命令以平滑动画。

17. 单击 **Play/Stop（播放 / 停止）**按钮，可见绿色条扩大了 50%。现在已经为第一个绿色条设置了动画，接下来将它复制到条形图的其余条形上。选择 **File（文件）> Save（保存）**菜单命令，保存项目文件。

复制和设置动画

1. 确保在 Timeline（时间轴）面板中选择了 **2015** 图层。通过选择 **Edit（编辑）> Duplicate（重复）**菜单命令来复制图层，快捷键是 **Command**（Mac）**/Ctrl**（Windows）**+ D**。这也将同时复制关键帧。将复制后的图层重命名为 **2016**。

2. 转到 Composition（合成）面板，将复制的形状图层拖到右侧，对齐条形图中的 2016 灰色条形。

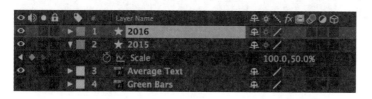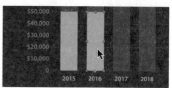

3. 将 **CTI（当前时间指示器）** 移动到**第 20 帧（0:00:00:20）**。

4. 确保在 Timeline（时间轴）面板中选择了 **2016** 图层。按 S 键以仅显示 Scale（缩放）属性，然后将第二个 Scale（缩放）属性设置为 **40%**。

5. 选择 **Edit（编辑）>Duplicate（重复）**菜单命令，复制 **2016** 图层。

6. 转到 Composition（合成）面板，将复制的形状图层拖动到右侧，使其与条形图中的 2017 灰色条形对齐。

7. 确保在 Timeline（时间轴）面板中选择了 **2017** 图层。按 S 键以仅显示 Scale（缩放）属性，然后将第二个 Scale（缩放）属性设置为 **80%**。

8. 选择 **Edit（编辑）> Duplicate（重复）** 菜单命令，复制 **2017** 图层。

9. 转到 Composition（合成）面板，将复制的形状图层拖动到右侧，使其与条形图中的 2018 灰色条形对齐。

10. 确保仍然选择 **2018** 图层。按 S 键以仅显示 Scale（缩放）属性，然后将第二个 Scale（缩放）属性设置为 **70%**。

11. 单击 **Play/Stop（播放/停止）** 按钮，查看绿色条的动画。选择 **File（文件）> Save（保存）** 菜单命令，保存项目文件。接下来，为条形图中的收入平均值这个元素设置动画。

制作平均收入条动画

1. 选择 **Edit（编辑）> Duplicate（重复）** 菜单命令，复制 **2018** 图层。

2. 选择形状图层并按 **Return/Enter** 键，将图层重命名为 **Average**。

3. 将 **CTI（当前时间指示器）** 移动到**第 20 帧（0:00:00:20）**。

4. 转到 Composition（合成）面板，将复制的形状图层拖动到右侧，使其与条形图中的灰色钱袋图形对齐。

5. 确保仍然选择 **Average** 图层。按 S 键以仅显示 Scale（缩放）属性。

6. 将 Scale（缩放）属性设置为 **450.0, 60.0%**。形状图层的宽度会扩大到可以覆盖钱袋的宽度。

7. 按 **Home** 键将 **CTI（当前时间指示器）** 移动到 Timeline（时间轴）的开头 **（00:00）**。

8. 将 Scale（缩放）属性设置为 **450.0, 0.0%**，以匹配第二个关键帧的宽度。

9. 单击 **Play/Stop（播放 / 停止）**按钮查看动画效果。条形的形状是一个矩形，与钱袋的形状不吻合，所以这里将不得不使用轨道遮罩。

10. 在 Timeline（时间轴）面板中选择 **Grey Bars** 图层。通过选择 **Edit（编辑）> Duplicate（重复）**菜单命令复制图层。

11. 选择复制的图层并按 **Return/Enter** 键，将图层重命名为 **Track Matte**。

12. 单击并拖动 **Track Matte** 图层，将其置于 **Average** 图层的上方。

13. 在 Timeline（时间轴）面板中选择 **Average** 图层。

14. 单击 Timeline（时间轴）面板底部的 **Toggle Switches/Modes（切换开关 / 模式）**按钮。

15. 在 **Average** 图层的 Track Matte（轨道遮罩）下拉列表中，通过选择 **Alpha Matte "Track Matte"（Alpha 遮罩 "Track Matte"）**选项来定义轨道遮罩的透明度。

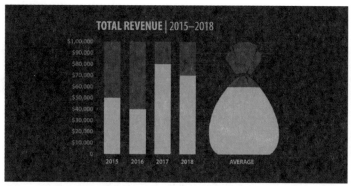

16. 单击 **Play/Stop（播放 / 停止）**按钮查看轨道遮罩作用后的效果。选择 **File（文件）> Save（保存）**菜单命令，保存项目文件。

制作平均收入的文本动画

1. 单击并拖动 **Average Text** 图层，将其置于 **Track Matte** 图层的上方。

2. 将 **CTI（当前时间指示器）**移动到**第 20 帧（0:00:00:20）**。

3. 在 Timeline（时间轴）面板中选择 **Average Text** 图层，然后进行以下操作：

- 按 **P** 键以仅显示 Position（位置）属性

- 按 **Shift + T** 键添加显示 Opacity（不透明度）属性

- 单击 Position（位置）属性和 Opacity（不透明度）属性旁边的 stopwatch（时间变化秒表）图标

4. 将 CTI（当前时间指示器）移动到**第 10 帧（0:00:00:10）**，然后进行以下设置：

- 将 Position（位置）属性设置为 **892.0, 480.0**

- 将 Opacity（不透明度）属性设置为 **0%**

5. 在 Timeline（时间轴）上单击并拖曳鼠标，框选 Position（位置）属性和 Opacity（不透明度）属性的关键帧。选择 **Animation（动画）> Keyframe Assistant（关键帧辅助）> Easy Ease（缓动）** 菜单命令以平滑动画。

6. 单击 **Play/Stop（播放 / 停止）**按钮，查看动画条形图。唯一有待完成的工作是调整每个条形动画出现的时间。选择 **File（文件）> Save（保存）** 菜单命令，保存项目文件。

偏移计时

1. 将 **CTI（当前时间指示器）**移动到**第 20 帧（0:00:00:20）**。

2. 单击 **2015** 图层颜色条的任意位置，然后向右拖动，使颜色条的左边缘与 CTI（当前时间指示器）对齐。

3. 将 **CTI（当前时间指示器）**移动到 **1 秒 10 帧（0:00: 01:10）**。

4. 单击 **2016** 图层颜色条的任意位置，然后向右拖动，使颜色条的左边缘与 CTI（当前时间指示器）对齐。

5. 将 **CTI（当前时间指示器）**移动到 **2 秒（02:00）**。

6. 单击 **2017** 图层颜色条的任意位置，然后向右拖动，使颜色条的左边缘与 CTI（当前时间指示器）对齐。

7. 将 **CTI（当前时间指示器）**移动到 **2 秒 20 帧（0:00:02:20）**。

8. 单击 **2018** 图层颜色条的任意位置，然后向右拖动，使颜色条的左边缘与 CTI（当前时间指示器）对齐。

9. 将 **CTI（当前时间指示器）**移动到 **3 秒 10 帧（0:00:03:10）**。

10. 单击 **Average** 图层的颜色条的任意位置，然后向右拖动，使颜色条的左边缘与 CTI（当前时间指示器）对齐。

11. 对 **Track Matte** 图层和 **Average Text** 图层重复相同的操作。将颜色条的左边缘与 CTI（当前时间指示器）对齐。

◀ 偏移每个图层的计时，这样就可以一次仅显示一个条形动画。错开或偏移动态信息图的计时始终是个不错的主意，这样观看的人就不会因为有太多的信息而变得不知所措。

12. 单击 **Play/Stop（播放 / 停止）** 按钮，查看最终的效果。选择 File（文件）> Save（保存）菜单命令，保存项目文件。

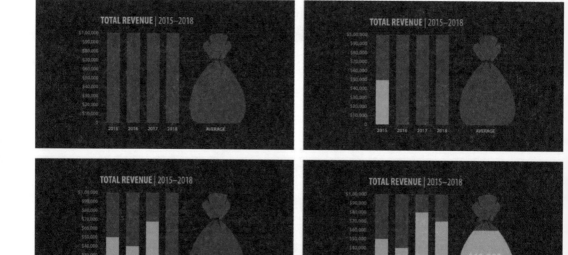

　　被设置动画的条形图可以很好地为用户界面提供反馈。下一个练习的重点是设置动画进度条，它表达了系统当前正在执行的操作。

6.5 练习 3：制作进度条动画

　　另一种在 UI 设计中至关重要的信息设计形式是进度条，这是用户能看得到的系统状态指示器。动画进度条通过提供有关应用程序或网页当前正在发生的事情的信息，来最大限度地帮助用户减少焦虑或沮丧的情绪。在设计数字产品时，永远不要忘记包含一些可视化的机制，用来告诉用户发生了什么。

　　可以设计两种类型的指示。**明确的指示（determinate indicator）** 能清楚地显示操作需要多长时间。这通常显示为从左到右设置动画的水平条，并可以添加百分比，强调和明确进程的进度，告诉用户已经完成了多少，还剩下多少。**不明确的指示（indeterminate indicator）**显示为循环的旋转图形。此种反馈表明系统正在运行，但未提供有关用户将要等待多长时间的信息。建议仅使用这种类型的指示器表达持续时间少于五秒的快速操作。

1. 打 开 **Chapter_06 \ 03_Progress_Bar** 文 件 夹 中 的 **03_Progress_Bar_Start.aep** 文 件。Project（项目）面板中包含完成此练习所需的素材。

2. 如果 **Main Comp: RacingGame** 合成未打开，可在 Project（项目）面板中双击它。它包含 5 个图层。这个项目是一个虚构的在线赛车游戏的加载屏幕。自行车车手动画是在 Animate 中创建的，并作为 SWF 文件导出。

3. 按 **Home** 键将 **CTI（当前时间指示器）**移动到 Timeline（时间轴）的开头（**00:00**）。

4. 在 Timeline（时间轴）面板中选择 **Progress Bar（进度条）**图层。按 S 键以仅显示 Scale（缩放）属性，然后进行以下设置：

   • 单击 Scale（缩放）数值左侧的 **Constrain Proportions（约束比例）**图标以关闭比例缩放

   • 将第一个 Scale（缩放）属性设置为 **0%**

   • 单击 Scale（缩放）属性旁边的 **stopwatch（时间变化秒表）**图标

5. 按 **End** 键将 **CTI（当前时间指示器）**移动到 Timeline（时间轴）的末尾。

6. 将第一个 Scale（缩放）属性设置为 **100%**。

7. 在 Timeline（时间轴）上单击并拖曳鼠标，框选 Scale（缩放）属性的两个关键帧。选择 **Animation（动画）> Keyframe Assistant（关键帧辅助）> Easy Ease（缓动）**菜单命令以平滑动画。

8. 单击 **Play/Stop（播放 / 停止）**按钮查看动画进度条的运行情况。接下来，要为箭头图形设置动画以跟随进度条。选择 **File（文件）> Save（保存）**菜单命令，保存项目文件。

为箭头图形设置动画

1. 按 **Home** 键将 **CTI（当前时间指示器）**移动到 Timeline（时间轴）的开头（**00:00**）。

2. 在 Timeline（时间轴）面板中选择 **Arrow** 图层。按 **P** 键以仅显示 Position（位置）属性。这时，箭头位于正确位置，因此单击 Position（位置）属性旁边的 **stopwatch（时间变化秒表）**图标。

3. 按 **End** 键将 **CTI（当前时间指示器）**移动到 Timeline（时间轴）的末尾。

4. 将第一个 Position（位置）属性设置为 **1069.0**。这会将箭头对齐进度条的末尾。

5. 在 Timeline（时间轴）上单击并拖曳鼠标，框选 Position（位置）属性的两个关键帧。选择 **Animation（动画）> Keyframe Assistant（关键帧辅助）> Easy Ease（缓动）**菜单命令以平滑动画。

6. 单击 **Play/Stop（播放 / 停止）**按钮查看箭头图形及动画进度条。接下来，要将箭头的位置变化链接到车手和文本，为此将在 After Effects 中使用父子层级。选择 **File（文件）> Save（保存）**菜单命令，保存项目文件。

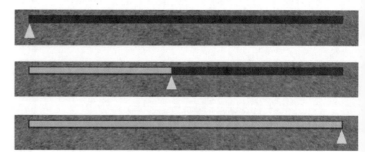

After Effects 中的父子层级

After Effects 提供了一种称为父子层级的功能，它是将一个或多个图层附加到父图层，如果父图层在 Composition（合成）面板上移动，则子图层将跟随移动。除了不透明度之外，对父图层的变换属性所做的任何更改都将由子图层继承。子图层可以有自己的动画，但这些不影响父图层。在本练习的这一部分中，将学习如何为几个子图层指定父图层。

1. 要设置父级结构，需要在 Timeline（时间轴）面板中打开 Parent（父级）列。如果尚未显示，可以用
鼠标右键单击 **Layer Name**
（图层名称） 列标题，然后选择
Columns（列数）> Parent
（父级） 命令。现在是时候弄
清楚哪些图层将成为父级，哪
些是子级了。

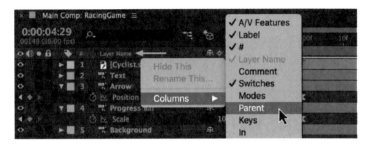

2. 按 **Home** 键将 **CTI（当前时间指示器）** 移动到 Timeline（时间轴）的开头 **（00:00）**。

3. 首先将 **Text** 图层（子级）链接到 **Arrow** 图层（父级）。将子级链接到父级的方法有多种。可以使用 Parent（父级）下拉列表，选择适当的父级；也可以使用下拉列表左侧的 Pick Whip（父级关联器）工具。单击 **Text** 图层的 Pick Whip（父级关联器）图标，并将其拖动到 **Arrow** 图层的名称列，然后释放鼠标左键，就可以将两个图层链接在一起了。

4. 单击 **Play/Stop（播放 / 停止）** 按钮，可见 **Text** 图层（子级）继承了 **Arrow** 图层（父级）的关键帧动画。保存当前项目。

5. 按 **Home** 键将 **CTI（当前时间指示器）** 移动到 Timeline（时间轴）的开头 **（00:00）**。

6. 使用相同的技术链接 **Cyclist.swf** 图层。单击 **Cyclist.swf** 图层的 Pick Whip（父级关联器）图标，并使它指向其父图层。

7. 单击 **Play/Stop（播放 / 停止）** 按钮，可见车手继承了箭头图形的移动。该项目即将完成，最后要做的是为文本设置动画以反映加载的百分比。选择 **File（文件）> Save（保存）** 菜单命令，保存项目文件。

运用表达式

练习的下一部分将介绍表达式，这些表达式基于 JavaScript，可以简化 After Effects 中的复杂动画。接下来一起探索如何使用表达式更改源文本。

1. 按 **Home** 键将 **CTI（当前时间指示器）** 移动到 Timeline（时间轴）的开头 **（00:00）**。

2. 在 Timeline（时间轴）面板中选择 **Text** 图层。目前，从 Photoshop 导入的文本图层显示为位图。选择 **Layer（图层）> Create（创建）> Convert To Editable Text（转换为可编辑文字）** 菜单命令，将图层转换为文本图层，并允许在 After Effects 中对其进行编辑。

3. 选择 **Effect（效果）> Expression Controls（表达式控制）> Slider Control（滑块控制）** 菜单命令。

   Effect Controls（效果控件）面板将打开以显示 Slider（滑块）属性。将 Slider（滑块）属性设置为 **0.00**，然后单击旁边的 **stopwatch（时间变化秒表）** 图标。

4. 按 **End** 键将 **CTI（当前时间指示器）** 移动到 Timeline（时间轴）的末尾。

5. Composition（合成）面板中没有任何可见的元素。将 Slider（滑块）属性设置为 **100.00**。接下来使用表达式将结果值链接到 **Text** 图层的源文本。

6. 单击 **Text** 图层左侧的箭头图标显示其 **Source Text（源文本）** 属性。

7. 按住 **Option 键**（Mac）或 **Alt 键**（Windows），然后单击 Source Text（源文本）属性旁边的 **stopwatch（时间变化秒表）** 图标。这使表达式能够控制属性。

8. 单击 Expression: Source Text（表达式: 源文本）属性右侧的箭头按钮🔘，这将打开一个 Expression Language menu（表达式语言菜单）。选择 **JavaScript Math> Math.round(value)** 命令，这将确保链接到源文本的任何数值都是整数。

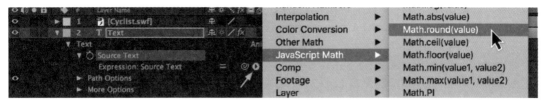

9. 依次单击 **Text** 图层和 **Effects（效果）** 属性左侧的箭头图标，然后单击 **Slider Control（滑块控制）** 属性左侧的箭头图标以显示关键帧的 **Slider（滑块）** 属性。

10. 转到 Timeline（时间轴）中生成的代码，选中 value。

11. 单击 Expression: Source Text（表达式：源文本）属性的 Pick Whip（表达式关联器）图标 ⊙，并将其拖动到 **Slider（滑块）** 属性，然后释放鼠标左键，将 **Slider（滑块）** 属性的数值链接到源文本。

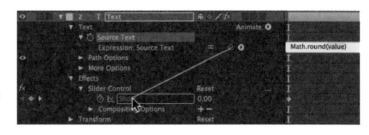

12. 按数字键盘上的 **Enter** 键接受表达式。单击 **Play/Stop（播放 / 停止）** 按钮，可见文本从 0 增加到 100。最后要做的是添加百分比符号。

13. 单击 Timeline（时间轴）中生成的表达式，在末尾输入 **+ "% "**。在表达式中，这被称为**字符串连接**（string concatenation）。按数字键盘上的 **Enter** 键接受表达式。

```
Math.round(effect("Slider Control")("Slider")) + "%"
```

14. 单击 **Play/Stop（播放 / 停止）** 按钮，查看效果。这样就完成了本练习。下一个练习侧重于跟踪数字视频中的动作。

6.6 练习 4：制作动态呼出标注

设计师可以使用**呼出标注**（call outs）来强调文章或插图，其目的是将观众的注意力引导到屏幕或页面上的特定区域，以便于清晰地沟通和表达。可以使用多种方式设计呼出标注，包括圆圈到语音气泡，或者箭头等。

本练习的重点是将动态呼出标注连接到数字视频中的特定点。为此，还将介绍如何在 After Effects 中**动态跟踪（motion track）**对象。使用动态跟踪，可以跟踪对象的移动，然后把跟踪数据应用到另一个图层上，最终使图像和效果跟随数字视频中的运动。

在 **Chapter_06 \ Completed** 文件夹中找到并播放 **Scrooge_Callout.mov** 文件，可以查看项目的最终效果。呼出标注的图案是在 Photoshop 中设计的。在学习时要格外注意呼出线条是如何跟踪视频中的对象的。

1. 打开 **Chapter_06 \ 04_Callout** 文件夹中的 **04_Callout_Start.aep** 文件。Project（项目）面板中包含完成本练习所需的素材。导入 Photoshop 文件时选择 Composition-Retain Layer Sizes（合成 - 保持图层大小）选项。

2. 如果 **Main Comp: Scrooge** 合成未打开，可在 Project（项目）面板中双击它。它包含 9 个图层，有 Photoshop 图层、形状图层和视频等类型。

3. 单击 **Play/Stop（播放 / 停止）**按钮。由于此练习的目标是动态跟踪，因此呼出标注已经被设置了动画。查看图层和关键帧，了解动画是如何构建的。

一组被设置了动画的小圆圈构建为一个合成，嵌套在主合成中，为呼出标注提供了一个视觉锚点。

将呼出标注信息连接到对象的线是使用添加了 Beam（光束）效果的实体图层创建的。Beam（光束）效果可以创建有起点和终点的笔画，并可以随时间变化，是此类项目的理想选择。

4. 选择 **Scrooge.mov** 图层。选择 **Animation（动画）> Track Motion（跟踪运动）**菜单命令，此时视频将在一个新的 Layer（图层）面板中打开，并且出现一个 Track Point（跟踪点）。Tracker（跟踪器）面板也将出现在 After Effects 工作区的右下角。

查看一下 Tracker（跟踪器）面板。动态跟踪可用于为图像或效果设置动画，以匹配视频素材的运动。此外还可以稳定素材，这样就可以将移动对象固定在画面中，或者消除手持式摄像机引起的画面抖动。在本练习中，将使用一个二维动态跟踪器，它有以下三个组成部分。

- **Feature Region（功能区域）：**较小的方块，用于定义要跟踪的图层中的区域

- **Search Region（搜索区域）：**较大的方块，用于定义 After Effects 在下一帧中搜索的区域，以定位功能区域

- **Attach Point（附加点）：**中间的十字线，用于指定目标的锚点。此点用于将其他链接图层与跟踪图层中的移动对象同步

5. 将鼠标指针定位在 **Feature Region（功能区域）**的方块内（而不是方块的边框上），它将变成一个尾部有四个箭头的黑色指针。单击并将 Track Point（跟踪点）拖动到画面的钱袋上。拖动时，Track Point（跟踪点）变为放大镜样式。

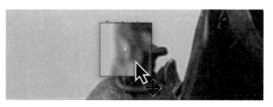

6. 在 Tracker（跟踪器）面板中，单击 **Edit Target（编辑目标）**按钮，弹出 Motion Target（运动目标）
对话框。在 Layer（图层）下拉列表中选择 **8.Pre-comp: Circle Marker Scrooge** 选项作为预期
目标，然后单击 **OK（确定）**按钮。

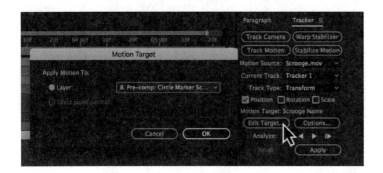

7. 单击 Tracker（跟踪器）面板中的任意一个 Analyze（分析）按钮，就可以执行实际的动态跟踪步骤。
单击 **Analyze Forward（向前分析）**按钮▶，After Effects 将一次分析一帧，查找使用跟踪点定义
的区域。完成后，将为 Track Point 1（跟踪点 1）创建一个运动路径。

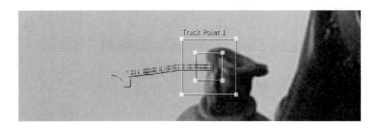

◀ After Effects 逐帧分析视频，搜
索由跟踪点定义的区域。完成后，
将生成一个运动路径，并为每个帧
添加关键帧。

8. 确保 Motion Target（运动目标）属性后显示正确的目标，此处应该是 **Pre-comp: Circle Marker
Scrooge** 图层。

9. 单击 **Apply（应用）**按钮，弹出 Motion Tracker Apply Options（动态跟踪器应用选项）对话框。单
击 **OK（确定）**按钮，将跟踪的数据应用于目标位置。此时，主合成将打开以显示结果。

10. 单击 **Play/Stop（播放 / 停止）**按钮，可见小圆圈标记随视频中的运动一起出现。最后需要做的是将
线连接到标记上。选择 **File（文件）> Save（保存）**菜单命令，保存项目文件。

使用表达式链接跟踪的运动数据

1. 在 Timeline（时间轴）面板中选择 **Pre-comp: Circle Marker Scrooge** 图层。按 **P** 键以仅显示 Position（位置）属性。请注意动态跟踪添加的所有关键帧。

跟踪的运动数据在 Position（位置）属性中显示为关键帧。

2. 依次单击 **Connector Line** 图层、**Effects（效果）**属性 和 **Beam（光束）**属性左侧的 箭头图标，查看其所有的属性。

3. 按住 **Option 键**（Mac）或 **Alt 键**（Windows），然后单 击 Starting Point（起始点） 旁边的 **stopwatch（时间变 化秒表）**图标。这样使表达式 能够控制属性。

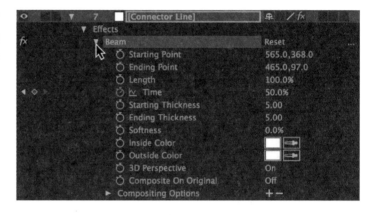

4. 单击 Expression: Starting Point （表达式：起始点）属性的 Pick Whip（表达式关联器）图标 ，并将其拖动到 **Pre-comp: Circle Marker Scrooge** 图 层的 **Position（位置）**属性， 然后释放鼠标左键，将跟踪的 动态数据链接到 Beam(光束) 的起始点。

5. 单击 **Play/Stop（播放 / 停止）** 按钮，可见 Beam（光束） 效果的起始点随着小圆圈标记 移动。

6. 选择 **File（文件）> Save （保存）**菜单命令，保存项目 文件。

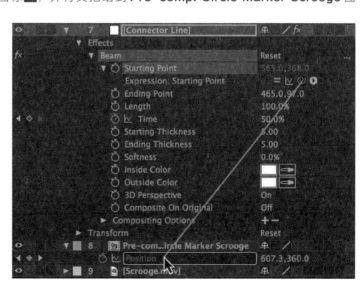

6.7 练习 5：透视边角定位跟踪器

上一章的练习展示了如何使用 Corner Pin（边角定位）效果在手机的静态图像中构建运动 UI 原型。Corner Pin（边角定位）效果还可以与动态跟踪结合使用。本章最后一个练习将介绍 Perspective Corner Pin（透视边角定位）跟踪器。

1. 打开 **Chapter_06 \ 05_Corner_Pins** 文件夹中的 **05_Corner_Pins_Start.aep** 文件。Project（项目）面板中包含前面制作的进度条动画和一个笔记本电脑的视频。

2. 如果 **Main Comp: Prototype** 合成未打开，可在 Project（项目）面板中双击它。

3. 选择 **Pre-Comp: RacingGame** 图层，然后选择 **Effect（效果）> Distort（扭曲）> Corner Pin（边角定位）** 菜单命令，将效果添加到图层。Effect Controls（效果控件）面板将打开，其中包含四个属性。

4. 分别单击四个属性的 **stopwatch（时间变化秒表）** 图标：Upper Left（左上）、Lower Left（左下）、Upper Right（右上）、Lower Right（右下）。

添加 Corner Pin（边角定位）效果并激活所有属性的关键帧记录。

5. 在 Timeline（时间轴）面板中单击 **Video（视频）** 开关，关闭 **Pre-Comp: Racing Game** 图层的可见性，将图层隐藏。

6. 在 Timeline（时间轴）面板中选择 **Laptop.mov** 图层，然后选择 **Animation（动画）> Track Motion（跟踪运动）** 菜单命令。这将在新的 Layer（图层）面板中打开视频，并且在图像中心出现一个 Track Point（跟踪点）。

7. 在 Tracker（跟踪器）面板中，将 Track Type（跟踪类型）由 **Transform（变换）** 更改为 **Perspective corner pin（透视边角定位）**。此模式在 Layer（图层）面板中使用四个跟踪点，并为 Corner Pin（边角定位）效果属性组中的四个角点添加关键帧，该属性组已添加到嵌套合成中。

8. 将鼠标指针置于 **Track Point 1（跟踪点 1）** 的 Feature Region（功能区域）的方框内，然后单击并将 Attach Point（附加点）拖动到笔记本电脑屏幕的左上角。

9. 单击并将剩余三个跟踪点的 Attach Point（附加点）拖动到笔记本电脑屏幕的边角上。

10. 单击 **Analyze Forward（向前分析）** 按钮▶。After Effects 完成分析后，将创建四个运动路径。

 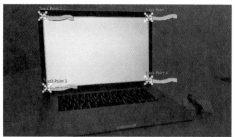

11. 确保 Motion Target（运动目标）属性后显示正确的目标，此处应该是 **Pre-Comp: Racing Game** 图层。

12. 单击 **Apply（应用）** 按钮，主合成会被打开以显示结果。所有动态跟踪数据都作为关键帧添加到 Corner Pin（边角定位）效果的属性组中。

13. 在 Timeline（时间轴）面板中单击 **Video（视频）** 开关，打开 **Pre-Comp: RacingGame** 图层的可见性，以显示图层。

14. 单击 **Play/Stop（播放 / 停止）** 按钮，查看边角定位的效果。

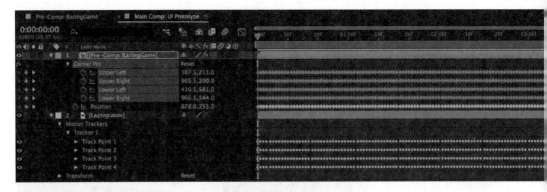

◀ Perspective corner pin（透视
边角定位）模式使用四个跟踪点在
目标图层中倾斜、旋转对象，并创
建透视更改。跟踪的数据将应用于
Corner Pin（边角定位）效果的
属性组。

15. 完成后，还可以进行渲染输出。选择 **Composition（合成）> Add to Render Queue（添加到渲染队列）** 菜单命令，在 Render Queue（渲染队列）面板中进行以下设置：

- 单击 Output Module（输出模块）旁边的 **Lossless（无损）**

- 在打开的对话框中，将 Format（格式）设置为 **QuickTime**，然后单击 **Format Options（格式选项）** 按钮，将 Video Codec（视频编解码器）设置为 **H.264**

- 在 **Output To（输出到）** 右侧设置硬盘路径

- 单击面板右侧的 **Render（渲染）** 按钮

16. 选择 **File（文件）> Save（保存）** 菜单命令，保存项目文件。

本章小结

至此，就完成了有关动态信息图的介绍。从饼图动画到动态呼出标注，探索了不同类型的数据可视化的方式。下一章将重点介绍动画中的标题设计，此外还将探讨 After Effects 中的高级合成技巧。

第 **7** 章

动态标题序列

标题序列动画是电影或电视节目的前奏，它们可以通过暗示将要发生的内容来吸引观众。优秀的作品会把各种视觉元素巧妙又和谐地融入整体。本章将探讨如何在 After Effects 中合成图层和添加视觉效果，这些可以为电影或电视节目提供题材类型和流派的概念，并且让观众的注意力集中在镜头重点上。

学习完本章后，读者应该能够了解以下内容：

- 讨论标题序列如何有效地吸引观众
- 列出标题序列可以在电影中被放置的位置
- 将设计原则融入到作品当中
- 使用多个图层模拟三维运动
- 使用图层混合模式来增强视觉效果
- 在合成中复合绿幕画面素材

7.1 设定情感基调

电影和电视节目的标题序列不仅可以介绍片名和主要演员，还可以为观众设定情绪和基调。成功的电影标题序列可以成为视觉叙事的一部分，建立一种场景感，传达故事的主题，甚至暗示一些情节要点。

情节（plot） 不是故事本身，而是故事中发生的所有活动。这些情节通过影响人物的身体和情感，而构成一个好故事。任何故事的基本组成部分都会涉及一个角色或多个角色，并设定一个引起事件变化的冲突，以及描述角色行为后果的一个演变过程。标题序列的视觉叙事模式可以分为以下两种。

- **历时叙事（diachronic narrative）** 使用了情节的基本要素，即"在什么之后发生什么"，以此来确定背景，以及主要人物将要经历什么。图像序列通过显示因果关系来模拟情节，例如电影《猫鼠游戏》（*Catch Me if You Can*）的开场标题动画就模拟了整部电影的剧情。

- **同步叙事（synchronic narrative）** 以蒙太奇的形式剪辑影片，带给观众紧张、期待和好奇等情绪。**蒙太奇（montage）** 是一系列不按顺序呈现的相关镜头。图像序列更侧重于遵循设计原则，如接近、对比、重复等，例如电影《七宗罪》（*Se7en*）的标题序列不仅确立了基调，而且把对手的形象植入了观众的心中。

标题序列的位置

片头字幕可用于预示电影或电视节目中大致会发生什么，而片尾字幕则可以用来总结已经发生的事情。请记住这一点，因为它会影响设计标题序列的方式。标题序列可以定位在以下位置：

- 在电影的开头

- 在电影的中间，通常在第一个场景之后

- 在电影结束时

- 在电影的开头和结尾

无论标题序列放在何处，设计师都需要在构图中加入平衡、接近、强调和空间等设计原则。视觉的属性（如颜色、明暗度和纹理）可确保图像的一致性。下面从颜色开始吧。

7.2 色彩的主导与诠释

观众会自然而然地寻找作品中最具支配性的元素。颜色可以将一个对象与其他对象分开，并吸引观众的注意力，从而烘托出一个具有主导作用的元素。在电影《辛德勒的名单》（*Schindler's List*）中，导演拍摄了大部分的黑白镜头，在

影片的一半左右，出现一个穿着红色外套的女孩。导演通过将她打扮成红色，在视觉上将其强化为主导元素。由于颜色的对比，观众可以立即集中起注意力。

此外，还可以利用观众对色彩的心理暗示来运用颜色。人们通常会对不同的颜色作出不同的情绪反应。红色就是一个很好的例子，它可以被视为力量、强壮或激情，也可以被理解为与愤怒、暴力或危险有关。根据个人经历的不同，每种颜色都有其独特的情感。

不同的文化对颜色也会有一些共同的看法，例如：

- **红色** = 热、力量、愤怒、暴力、爱情、火

- **黄色** = 温暖、快乐、疾病

- **蓝色** = 冷、宁静、和平、水、悲伤

- **橙色** = 勇气、快乐、精力充沛

- **绿色** = 成长、健康、贪婪、嫉妒、好运

可以通过颜色来反映场景的氛围和角色的个性。右图表现了一个女人拿着一封信站在一扇开着的门旁边。尽管无法得知这封信的内容，但通过画面中蓝色所营造的忧郁氛围，可以推断出这封信没有带来好消息。

明暗度（value）是指颜色的亮度值和暗度值。明暗对比也可以在场景中创造构图优势。画面的每个元素都具有特定的亮度，通过增加一个区域或一个主体上的光线，可以在一个构图中创建一个主导区域。画面中的明亮物体或区域被赋予了额外的视觉分量，可以吸引观众的视线。

7.3 画面的框架与形状

框架在视觉叙事方面非常有效。电影摄像师有时会添加框架和形状来"框定"构图中的焦点。这种框定设置可以是任何东西，从矩形门窗到更原生的形态，比如挂在镜头中的树枝等。在画面中使用框架是用有趣的方式打破空间，它允许观众专注于画面中的两个独立事件。

为了使框架被当作框架来解读，需要在框架边缘和框架内的主体之间提供足够的留白。这些框架往往位于前景之中，而将主体放在其后面。除了为构图增加更多的趣味性之外，生成的图像还能显示出二维框架内的三维空间。

7.4 赋予一定的深度

我们周围的世界有三个物理维度：高度、宽度和深度。在 Photoshop 或 Illustrator 中创建的图像只有两个维度：高度和宽度。动态效果可以在二维空间中创造出深度错觉。那么应该怎么做呢？

回忆一下乘坐汽车看着路边风景的画面。汽车以不变的速度行驶，但风景的不同部分似乎以不同的速度移动。最远处的物体，例如连绵起伏的山丘，与眼前疾驰而过的物体相比，显得更小，也更慢。

▲

立体视觉是我们的大脑解释深度的方式。与相机镜头类似，我们的眼睛会自行调整以使某物聚焦。

这一切都与我们对深度的感知有关。如果将视角从直视下降到视线水平，会看到周围物体的更多空间，每个对象相对于它们所占据的空间移动。靠近我们的物体看起来会比远处的物体移动得更快。在 After Effects 中，可以用不同的速度为图层设置动画，以模拟此深度错觉。这被称为**视差滚动（parallax scrolling）**，这也是本章练习案例的学习重点。

7.5 练习 1：制作滚动标题序列动画

设计师如何在他们的作品中实现深度效果呢？可以在前景、中景和背景中分别绘制对象，并将每个景别作为 After Effects 中的单独图层。为了实现视差滚动，每个图层必须以不同的速度移动。

在本练习中，将为一个名为 Wicked Woods 的虚构电视节目制作滚动标题序列的动画。**Chapter_07** 文件夹中包含了完成本练习需要的所有文件，请先下载 **Chapter_07.zip** 文件。下面介绍如何设计这种电影效果的动画作品。一般来说，图稿的高度必须至少是 After Effects 中最终合成高度的两倍。

合成 1
介绍主角

合成 2
旅程与目标

合成 3
设定和冲突

◀ Photoshop 图稿的高度被设计为最终合成所用高度的三倍。

在排版构图和比喻意象的运用上有一种对称的平衡。许多焦点被有计划地放置，以创建重复的文字和图像模式。

情节要点是通过意象来暗示的。指南针代表了英雄在寻找目标时必须经历的旅程，被破坏的怀表象征着时间紧迫，匕首代表危险。

紫色和蓝色的运用有助于表现电视节目神秘和惊悚的类型。白色文本提供了可读性所需的对比度。

阴影区域用于创建视觉凝聚力，以保证在垂直滚动时不会分散注意力。

1. 打开 **Chapter_07 \ 01_Title_Scroll** 文件夹中的 **01_Scroll_Start.aep** 文件。Project（项目）面板中包含 3 个从分层的 Photoshop 文件创建的合成，静态白噪声的视频素材也已导入并添加为图层。

2. 如果 **Main Comp: Wicked Woods** 合成未打开，可在 Project（项目）面板中双击它。

3. 按 **Home** 键将 **CTI（当前时间指示器）** 移动到 Timeline（时间轴）的开头**（00:00）**。

4. 选择 **Background Art** 图层。按 **P** 键以仅显示 Position（位置）属性。现在，图稿位于正确位置，单击 Position（位置）属性旁边的 **stopwatch（时间变化秒表）** 图标。

5. 按 **End** 键将 **CTI（当前时间指示器）** 移动到 Timeline（时间轴）的末尾。

6. 将第二个 Position（位置）属性设置为 **−464.0**，这将垂直移动图层以显示图稿的底部。通过添加关键帧实现背景滚动的效果。

●	►	3	[Pre-comp: Foreground Credits]	⊕ ✶ –	–
●	►	4	[Pre-comp: Middleground Symbols]	⊕ ✶ –	–
●	▼	5	Background Art	⊕ /	
			○ Position	640.0, -464	
● ◄)))	►	6	[WhiteNoise.mp4]	⊕ /	

7. 在 Timeline（时间轴）上单击并拖曳鼠标，框选 Position（位置）属性的两个关键帧。选择 **Animation（动画）> Keyframe Assistant（关键帧辅助）> Easy Ease（缓动）** 菜单命令以平滑动画。

8. 单击 **Play/Stop（播放 / 停止）** 按钮，查看向上滚动的背景图像。接下来，使用父子层级的方式将视频图层的位置链接到背景。保存当前项目。

9. 第 6 章已经介绍过，父子层级是一种将一个或多个图层附加到另一个图层的方法。要设置父子层级结构，需要在 Timeline（时间轴）面板中打开 Parent（父级）列。如果尚未显示，可以用鼠标右键单击 **Layer Name（图层名称）**列标题，然后选择 **Columns（列数）> Parent（父级）**命令。

10. 按 **Home** 键将 **CTI（当前时间指示器）**移动到 Timeline（时间轴）的开头 **（00:00）**。

11. 单击 **WhiteNoise.mp4** 图层的 Pick Whip（父级关联器）图标 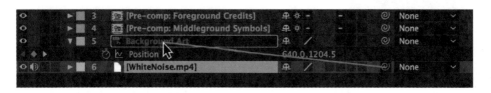，并将其拖动到 **Background Art** 图层的名称列，然后释放鼠标左键，将两个图层链接在一起。

制作中间背景图层的动画

1. 将 **CTI（当前时间指示器）**移动到 **4 秒（04:00）**。

2. 选择 **Pre-comp: Middleground Symbols** 图层。按 **P** 键以仅显示 Position（位置）属性。目前，图稿位于正确位置，单击 Position（位置）属性旁边的 **stopwatch（时间变化秒表）**图标。

3. 将 **CTI（当前时间指示器）**移动到 **26 秒（26:00）**。

4. 将第二个 Position（位置）属性设置为 **−464.0**，这将垂直向上移动图层以显示图稿的底部。通过添加关键帧实现中间背景滚动的效果。

5. 将 **Easy Ease（缓动）**效果应用于位置（Position）属性的关键帧。

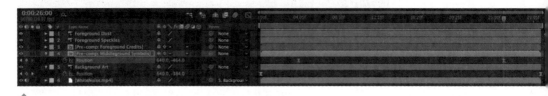

▲

中间背景图层关键帧之间的距离小于背景图层关键帧之间的距离。因此，中间背景图层的滚动速度会稍快一些。

6. 单击 **Play/Stop（播放 / 停止）**按钮，查看中间背景（指南针、怀表和刀）向上滚动的速度。这提供了一种微妙的深度错觉。选择 **File（文件）> Save（保存）**菜单命令，保存项目文件。

设置前景图层与背景图层的父子层级链接

1. 按 **Home** 键将 **CTI（当前时间指示器）** 移动到 Timeline（时间轴）的开头 **（00:00）**。

2. 在 Timeline（时间轴）面板中选择 **Pre-comp: Foreground Credits** 图层。

3. 单击 **Pre-comp: Foreground Credits** 图层的 Pick Whip（父级关联器）图标，并将其拖动到

   Background Art 图层的名
   称列，然后释放鼠标左键，将
   两个图层链接在一起。

4. 单击 **Play/Stop（播放 / 停止）** 按钮，查看前景图层向上滚动的效果。因为演职人员名单图层（子级）
   链接在背景图层（父级）上，所以它们都以相同的速度移动。前景图层应该比背景层移动得更快，在
   练习的后期将通过为每个演职人员标题设置动画来实现这一目标。

5. 选择 **File（文件）> Save（保存）** 菜单命令，保存项目文件。

制作尘埃和斑点动画

1. 按 **Home** 键将 **CTI（当前时间指示器）** 移动到 Timeline（时间轴）的开头 **（00:00）**。

2. 选择 **Foreground Speckles** 图层。按 **P** 键以仅显示 Position（位置）属性，然后单击 Position（位
   置）属性旁边的 **stopwatch（时间变化秒表）** 图标。

3. 按 **End** 键将 **CTI（当前时间指示器）** 移动到 Timeline（时间轴）的末尾。

4. 将第二个 Position（位置）属
   性设置为 **300.0**。

5. 将 **Easy Ease（缓动）** 效果应用于 Position（位置）属性的关键帧。

6. 单击 **Play/Stop（播放 / 停止）** 按钮，查看尘埃和斑点向上滚动的效果，可见它比背景图层略快。这
   提供了一种微妙的深度错觉。保存当前项目。

7. 按 **Home** 键将 **CTI（当前时间指示器）** 移动到 Timeline（时间轴）的开头 **（00:00）**。

8. 选择 **Foreground Dust（前景尘埃）** 图层。按 **P** 键以仅显示 Position（位置）属性。单击 Position（位
   置）旁边的 **stopwatch（时间变化秒表）** 图标。

9. 按 **End** 键将 **CTI（当前时间指示器）** 移动到 Timeline（时间轴）的末尾。

10. 将第二个 Position（位置）属性设置为 **500.0**。

11. 对 Position（位置）属性的关键帧应用 **Easy Ease（缓动）** 效果。

12. 单击 **Play/Stop（播放 / 停止）** 按钮，查看视差滚动的效果。

制作演职人员名单透明度的动画

1. 双击 **Pre-comp: Foreground Credits** 图层。这是一个嵌套合成，它将打开自己的 Composition（合成）面板，每个演职人员标题都在其独立的图层上。对于练习的下一部分，将为每个图层的透明度设置动画，这样就可以使其淡入和淡出。

2. 按 **Home** 键将 **CTI（当前时间指示器）** 移动到 Timeline（时间轴）的开头 **（00:00）**。

3. 选择 **XYZ Presents** 图层。按 T 键以仅显示 Opacity（不透明度）属性。将 Opacity（不透明度）属性设置为 **0%**，然后单击属性旁边的 **stopwatch（时间变化秒表）** 图标。

4. 将 **CTI（当前时间指示器）** 移动到 **1 秒（01:00）**。

5. 将 Opacity（不透明度）属性设置为 **100%**。

6. 将 **CTI（当前时间指示器）** 移动到 **5 秒（05:00）**。

7. 单击 Opacity（不透明度）属性左侧的灰色菱形图标以添加关键帧，而无需手动更改图层的不透明度。

8. 将 **CTI（当前时间指示器）** 移动到 **6 秒（06:00）**。

9. 将 Opacity（不透明度）属性设置为 **0%**。

10. 在 Timeline（时间轴）上单击并拖曳鼠标，框选 Opacity（不透明度）属性关键帧，对其应用 Easy Ease（缓动）效果，然后通过选择 **Edit（编辑）> Copy（复制）**菜单命令，或使用快捷键 **Command**（Mac）**/Ctrl**（Windows）**+ C** 复制它们。

11. 将 **CTI（当前时间指示器）**移动到 **5 秒（05:00）**。

12. 选择 **Robert Davis** 图层。按 T 键以仅显示 Opacity（不透明度）属性。选择 **Edit（编辑）> Paste（粘贴）**菜单命令，或使用快捷键 **Command**（Mac）**/Ctrl**（Windows）**+ V** 粘贴关键帧。

13. 将 **CTI（当前时间指示器）**移动到 **8 秒（08:00）**。

14. 选择 **Barbara Adams** 图层。按 T 键以仅显示 Opacity（不透明度）属性。粘贴关键帧。

15. 将 **CTI（当前时间指示器）**移动到 **11 秒（11:00）**。

16. 选择 **Mark Lopez** 图层。按 T 键以仅显示 Opacity（不透明度）属性。粘贴关键帧。

17. 将 **CTI（当前时间指示器）**移动到 **14 秒（14:00）**。

18. 选择 **Sandra Green** 图层。按 T 键以仅显示 Opacity（不透明度）属性。粘贴关键帧。

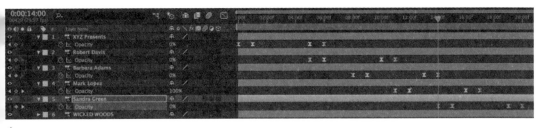

将 Opacity（不透明度）属性的关键帧从一个图层复制并粘贴到其他图层。

19. 将 **CTI（当前时间指示器）**移动到 **26 秒（26:00）**。

20. 选择 **WICKED WOODS** 图层。按 T 键以仅显示 Opacity（不透明度）属性。将 Opacity（不透明度）属性设置为 **0%**，然后单击属性旁边的 **stopwatch（时间变化秒表）**图标。

21. 将 **CTI（当前时间指示器）**移动到 **29 秒（29:00）**。将 Opacity（不透明度）属性设置为 **100%**。

22. 将 Easy Ease（缓动）效果应用于 Opacity（不透明度）属性的关键帧。

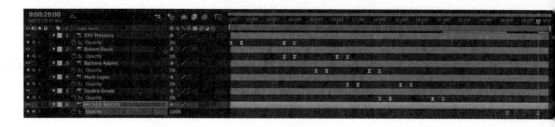

23. 选择 File（文件）> Save（保存）菜单命令，保存项目文件。

制作演职人员名单位置的动画

1. 将 CTI（当前时间指示器）移动到 5 秒（05:00）。

2. 选择 Robert Davis 图层。按 P 键以仅显示 Position（位置）属性。单击 Position（位置）属性旁边的 stopwatch（时间变化秒表）图标。

3. 将 CTI（当前时间指示器）移动到 11 秒（11:00）。

4. 将第二个 Position（位置）属性设置为 574.0。

5. 将 Easy Ease（缓动）效果应用于 Position（位置）属性的关键帧。

6. 将 CTI（当前时间指示器）移动到 8 秒（08:00）。

7. 选择 Barbara Adams 图层。按 P 键以仅显示 Position（位置）属性。单击 Position（位置）属性旁边的 stopwatch（时间变化秒表）图标。

8. 将 CTI（当前时间指示器）移动到 14 秒（14:00）。

9. 将第二个 Position（位置）属性设置为 752.0。

10. 将 Easy Ease（缓动）效果应用于 Position（位置）属性的关键帧。

11. 将 CTI（当前时间指示器）移动到 11 秒（11:00）。

12. 选择 Mark Lopez 图层。按 P 键以仅显示 Position（位置）属性。单击 Position（位置）属性旁边的 stopwatch（时间变化秒表）图标。

13. 将 CTI（当前时间指示器）移动到 17 秒（17:00）。

14. 将第二个 Position（位置）属性设置为 1022.0。

15. 对 Position（位置）属性的关键帧应用 Easy Ease（缓动）效果。

16. 将 CTI（当前时间指示器）移动到 14 秒（14:00）。

17. 选择 Sandra Green 图层。按 P 键以仅显示 Position（位置）属性。单击 Position（位置）属性

旁边的 **stopwatch（时间变化秒表）**图标。将 **CTI（当前时间指示器）**移动到 **20 秒（20:00）**。将第二个 Position（位置）属性设置为 **1260.0**。将 Easy Ease（缓动）效果应用于 Position（位置）属性的关键帧。

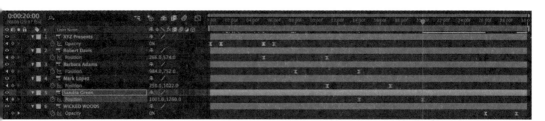

18. 单击 Timeline（时间轴）面板顶部的 **Main Comp: Wicked Woods** 标签以打开其 Composition（合成）面板和 Timeline（时间轴），返回主合成。

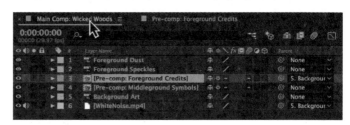

19. 按 **Home** 键将 **CTI（当前时间指示器）**移动到 Timeline（时间轴）的开头**（00:00）**。

20. 单击 **Play/Stop（播放/停止）**按钮，查看视差滚动的效果。每个演员的名字将在接近屏幕顶部时淡出，

并且比背景图层稍微快一点，产生出深度感。该项目即将完成。最后要做的是为落在场景中的匕首制作动画。选择 **File（文件）> Save（保存）**菜单命令，保存项目文件。

制作匕首的动画

1. 在 Timeline（时间轴）面板中双击 **Pre-comp: Middle ground Symbols** 图层。嵌套合成打开自己的 Composition（合成）面板，每个图像都在自己独立的图层上。

2. 将 **CTI（当前时间指示器）**移动到 **10 秒（10:00）**。

3. 在 Timeline（时间轴）面板中选择 **Knife** 图层。按 **P** 键以仅显示 Position（位置）属性。将 Position（位置）属性设置为 **256.0,−470.0**，然后单击属性旁边的 **stopwatch（时间变化秒表）**图标。

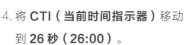

4. 将 **CTI（当前时间指示器）**移动到 **26 秒（26:00）**。

5. 将第二个 Position（位置）属性设置为 **2900.0**。这将创建匕首坠落穿过场景的动画。

6. 将 Easy Ease（缓动）效果应用于 Position（位置）属性的关键帧。

7. 单击 Timeline（时间轴）面板顶部的 **Main Comp: Wicked Woods** 标签以打开其 Composition（合成）面板和 Timeline（时间轴），返回主合成。

8. 单击 **Play/Stop（播放／停止）** 按钮，查看效果。

9. 在 Project（项目）面板中打开 **Audio（音频）** 文件夹，其中包含一个临时音轨片段。**临时音轨（scratch track）** 是在电影制作期间用于临时占位的音频。

10. 单击 Project（项目）面板中的 **WickedWoods_Audio.mp3** 素材并将其拖动到 Timeline（时间轴）面板，将其放置在图层的底部。

11. 单击 **Play/Stop（播放／停止）** 按钮，查看最终的动态标题序列。这样就完成了这个练习。

12. 选择 **File（文件）> Save（保存）** 菜单命令，保存项目文件。

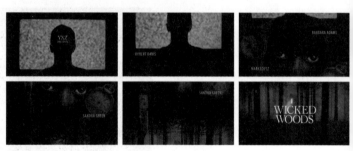

7.6 练习 2：创建空间和视觉连续性

在动效设计项目中的一个常见错误就是将所有动作包含在一个镜头中。为了用有趣的方式传达视觉叙事，设计师需要把一系列镜头连接在一起，镜头之间应该像舞台剧那样连续，就像在电影的后期制作时，剪辑师根据叙述顺序选择、剪辑和安排各种镜头。

剪辑师或设计师需要确定的内容有：

- 使用哪种镜头

- 让它们按什么顺序进入

- 每个镜头在屏幕上持续多长时间

对于一个镜头的构图来说，同样重要的是它的放置顺序，这称为**连续性编辑（continuity editing）**。

动作通常以具有逻辑的某种时间顺序来呈现。在 Chapter_07 \ Completed 文件夹中找到并播放 Titans_Title.mov 文件，可以查看项目的最终效果。这是一部虚构的希腊神话电影的片头序列。

影片的情节在片头序列的前两个镜头中得到了呈现——天神宙斯与他的兄弟冥王哈迪斯交战。注意两个镜头之间的屏幕方向，宙斯向右对着哈迪斯，而哈迪斯朝着左边保卫自己。

片头序列中的第三个镜头遵循着180度法则（见第25页），显示两名古希腊战士陷入战斗。镜头停留在线的正面，哈迪斯向左看屏幕，宙斯向右看屏幕；如果越过这条线，他们会朝相反的方向看，尽管他们根本没有移动。

设置序列中镜头的时长

镜头应该持续多长的时间呢？这取决于视觉叙述的故事类型。一个场景的节奏取决于镜头的长度和频率，以及每一个镜头内的动作。对于这个标题序列，应该给每个角色提供相同的持续时间，这样可以建立势均力敌的感觉，但出现的时机可以有所不同。

回想所观看电影中的追逐场景，这些场景往往开始于缓慢的建立与长时间的拍摄，随着追逐达到高潮，镜头的持续时间越来越短，它们会迅速地被连续呈现给观众，以加强动作。

恐怖电影通过巧妙的剪辑来制造悬念。典型的恐怖电影往往开始于一系列紧张的特写镜头，用来揭示角色的焦虑。接下来是角色在黑暗的道路上行走的连续长镜头。刻意缓慢的节奏提高了观众对下一步的期待。

在 After Effects 中构建序列

那么如何在 After Effects 中构建一个序列呢？一个可能的解决方案是将镜头整理成不同的合成。本练习还将介绍视觉连续性的混合操作。

1. 打开 **Chapter_07 \ 02_Compositing** 文件夹中的 **02_Titans_Title_Start.aep** 文件。Project（项目）面板中包含完成此练习所需的素材。导入 Photoshop 文件时选择 Composition-Retain Layer Sizes（合成 -保持图层大小）选项。

2. 如果 **Pre-comp_01:Zeus** 合成未打开，可在 Project（项目）面板中双击它。它包含 Photoshop 文件中的 4 个图层。

3. 按 **Home** 键 将 **CTI（当前时间指示器）** 移动到 Timeline（时间轴）的开头 **（00:00）** 。

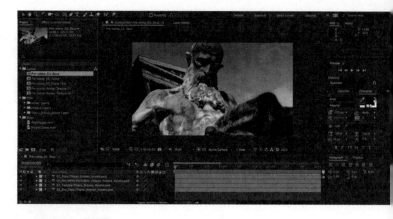

4. 单击 **Play/Stop（播放/停止）** 按钮，可见合成已为 Position（位置）属性、Rotation（旋转）属性和 ScaleTransform（缩放变换）属性设置了关键帧。缓慢的运动旨在反映希腊诸神的强大力量。

5. 转到 Project（项目）面板，单击并将 **PurpleClouds.mov** 视频素材从 Project（项目）面板拖动到 Timeline（时间轴），将其置于 **01_OYLMPUS PICTURES** 图层的下方。

6. 确保选中 **PurpleClouds.mov** 图层。选择 **Effect（效果）> Channel（声道）> Set Matte**

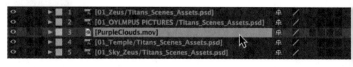

（设置遮罩） 菜单命令。**Set Matte（设置遮罩）** 效果允许将另一个图层的 Alpha 通道用作当前图层的 Alpha 通道。

7. 在 Effect Controls（效果控件）面板中，将 Use For Matte（用于遮罩）属性设置为 **Red Channel（红色通道）** 。现在，红色通道的灰度值会在图层中创建透明度。

8. 单击 **Play/Stop（播放 / 停止）** 按钮，查看合成效果。现在，透过云层可以看到背景，可见奥林匹斯山的景象。

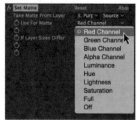

添加粒子效果

众所周知，效果用于增强 After Effects 中项目的表现。在练习的这一部分，将使用 Foam（泡沫）效果为动画添加火星，来表示神之间的战争。这一效果在第 2 章中已经使用过。

1. 单击并将 Project（项目）面板中的 **Pre-comp: Amber Texture 01** 合成拖动到 Timeline（时间轴）面板，放置在 Timeline（时间轴）面板的底部。

2. 确保 Timeline（时间轴）面板处于选择状态。选择 **Layer（图层）> New（新建）> Solid（纯色）** 菜单命令，弹出 Solid Settings（纯

色设置）对话框。然后进行以下设置：

- 设置 Name（名称）为 **Fire Ambers**

- 单击 **Make Comp Size（制作合成大小）**按钮

- 单击 **OK（确定）**按钮

3. 在 Timeline（时间轴）面板中将实体图层放置在 **PurpleClouds.mov** 图层上方。在 Effects & Presets（效果和预设）面板的文本框中输入 Foam（泡沫），此时将显示效果列表中匹配到的项目。

4. 要将 Foam（泡沫）效果应用于实体图层，可单击并将该效果拖动到 Timeline（时间轴）面板中的 **Fire Ambers** 实体图层上，然后释放鼠标左键。

5. 效果会自动应用。此时 Composition（合成）面板中的纯色消失，并显示为红色圆圈。

6. 在 Effect Controls（效果控件）面板上单击 **Producer（制作者）**属性左侧的箭头图标，然后进行以下设置：

- Product Point（产生点）：**1000.0, 720.0**

- 将 Production Rate（产生速率）属性设置为 **2.000**

7. 单击 **Bubbles（气泡）**属性左侧的箭头图标，然后进行以下设置：

- 将 Size（尺寸）属性设置为 **0.300**

- 将 Size Variance（大小差异）属性设置为 **0.300**

8. 单击 **Physics（物理学）**属性左侧的箭头图标，然后进行以下设置：

- Initial Speed（初始速度）：**0× ＋90°**

- Wind Speed（风速）：**5.000**

- Wind Direction（风向）：**0× －45°**

- Turbulence（湍流）：**0.700**

- Pop Velocity（弹跳速度）：**5.000**

- Viscosity（黏度）：**0.300**

- Stickiness（黏性）：**0.750**

9. 单击 **Rendering（正在渲染）**属性左侧的箭头图标，然后进行以下设置：

- Bubble Texture（气泡纹理）：由 **Default（默认气泡）**更改为 **User Defined（用户自定义）**

- Bubble Texture Layer（气泡纹理分层）：**7.Pre-comp: Amber Texture 01**

- Bubble Orientation（气泡方向）：**Bubble Velocity（气泡速度）**

10. 要查看设置完成后的效果，需要在 Effect Controls（效果控件）面板顶部更改 View（视图）属性为 **Rendered（已渲染）**。

11. 单击**Play/Stop（播放/停止）**按钮，查看最终的泡沫效果。选择 **File（文件）> Save（保存）**菜单命令，保存项目文件。

使用图层混合模式

混 合 模 式（blending modes）允许设计师在 Photoshop 和 After Effects 中混合堆叠图层的色调、饱和度和亮度。这是一种创造令人惊艳作品的快速方法，每种混合模式都会改变当前图层与其下方图层的结合效果。

1. 在 Project（项目）面板中，依次展开 **PSDs** 文件夹和 **Titans_Scenes_Assets** 文件夹，单击并将 **Paper Texture** 素材拖动到 Timeline（时间轴）面板，放置在 Timeline（时间轴）面板图层的顶部。

2. 单击 Timeline（时间轴）面板底部的 **Toggle Switches/Modes（切换开关/模式）**按钮。

3. 选择 **Overlay（叠加）**作为 **Paper Texture** 图层的混合模式。这会形成饱和的色彩和鲜明的对比。

对第二个合成进行重复操作以保持连续性

1. 在 Project（项目）面板中双击 **Pre-comp_02:Hades** 合成。它包含 Photoshop 文件中的四个图层。

2. 按 **Home** 键将 **CTI（当前时间指示器）**移动到 Timeline（时间轴）的开头**（00:00）**。

3. 转到 Project（项目）面板。单击并将 **PinkClouds.mov** 视频素材从 Project（项目）面板拖动到

Timeline（时间轴）面板，置于 **02_HERCULEAN** 图层的下方。

4. 选择 **Effect（效果）> Channel（声道）> Set Matte（设置遮罩）** 菜单命令。在 Effect Controls（效果控件）面板中，将 Use For Matte（用于遮罩）属性设置为 **Red Channel（红色通道）**。

5. 单击 **Play/Stop（播放/停止）** 按钮，查看合成效果。

6. 单击并将 Project（项目）面板中的 **Pre-comp: Amber Texture 02** 合成拖动到 Timeline（时间轴）面板，放置在 Timeline（时间轴）面板图层的底部。

7. 单击并将 **Fire Ambers** 实体图层从 Project（项目）面板中的 **Solids** 文件夹拖动到 Timeline（时间轴）面板，放置于 PinkClouds.mov 图层的下方。

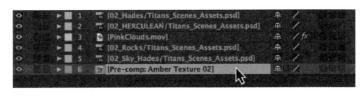

8. 在 Effects & Presets（效果和预设）面板的文本框中输入 Foam（泡沫），然后单击并将该效果拖动到 Timeline（时间轴）面板中的 **Fire Ambers** 实体图层上。

9. 在 Effect Controls（效果控件）面板上单击 **Producer（制作者）** 属性左侧的箭头图标，将 Product Point（产生点）设置为 **800.0, 720.0**。

10. 单击 **Bubbles（气泡）** 属性左侧的箭头图标，然后进行以下设置：

    • 将 Size（尺寸）属性设置为 **0.600**

    • 将 Size Variance（大小差异）属性设置为 **0.600**

11. 单击 **Physics（物理学）** 属性左侧的箭头图标，然后进行以下设置：

    • Initial Speed（初始速度）： **0× +90°**

    • Wind Speed（风速）： **3.000**

    • Wind Direction（风向）： **0× −45°**

- Turbulence（湍流）：**0.700**

- Pop Velocity（弹跳速度）：**5.000**

- Viscosity（黏度）：**0.300**

- Stickiness（黏性）：**0.750**

12. 单击 **Rendering（正在渲染）** 属性左侧的箭头图标，然后进行以下设置：

- Bubble Texture（气泡纹理）：由 **Default（默认气泡）** 更改为 **User Defined（用户自定义）**

- Bubble Texture Layer（气泡纹理分层）：**8.Pre-comp: Amber Texture 02**

- Bubble Orientation（气泡方向）：**Bubble Velocity（气泡速度）**

13. 要查看设置完成后的效果，需要在 Effect Controls（效果控件）面板顶部更改 View（视图）属性为 **Rendered（已渲染）**。

14. 单击 **Play/Stop（播放 / 停止）** 按钮，查看最终的泡沫效果。

15. 在 Project（项目）面板中，单击并将 **Paper Texture** 素材拖动到 Timeline（时间轴）面板，放置在 Timeline（时间轴）面板图层的顶部。

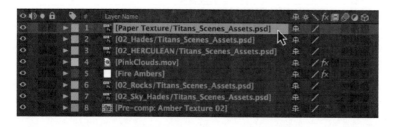

16. 选择 **Overlay（叠加）** 作为
Paper Texture 图层的混合
模式。

将标题序列放在
一起

1. 选择 **Composition（合成）> New
Composition（新建合成）** 菜
单命令，在弹出的对话框中进行
以下设置：

- Composition Name（合成名称）： **Main Comp: Titans Title**

- Preset（预设）：**HDV/HDTV 720 29.97**

- Duration（持续时间）：**0:00:30:00（30 秒）**

- 单击 **OK（确定）** 按钮

2. 在 Composition（合成）面板和 Timeline（时间轴）面板中打开一个新合成。将 **CTI（当前时间指示器）**
移动到 **2 秒（02:00）**。

3. 单击并将 **Pre-comp_01:Zeus** 合成从 Project（项目）面板拖动到 Timeline（时间轴）面板。单
击并拖动颜色条，使其左边缘与 CTI（当前时间指示器）对齐。

4. 按 T 键以仅显示 Opacity（不透明度）属性。将 Opacity（不透明度）属性设置为 **0%**，然后单击属
性旁边的 **stopwatch（时间变化秒表）** 图标。

5. 将 **CTI（当前时间指示器）** 移动到 **4 秒（04:00）**。

6. 将 Opacity（不透明度）属性重新设置为 **100%**。

7. 在 Timeline（时间轴）上单击并拖曳鼠标，框选 Position（位置）属性的两个关键帧。选择 **Animation
（动画）> Keyframe Assistant
（关键帧辅助）> Easy Ease（缓
动）** 菜单命令以平滑动画。

8. 将 **CTI（当前时间指示器）** 移动到 **10 秒（10:00）**。

9. 单击并将 **Pre-comp_02:Hades** 合成从 Project（项目）面板拖动到 Timeline（时间轴）面板，
放置在图层的底部。单击并拖动颜色条，使其左边缘与 CTI（当前时间指示器）对齐。

10. 将 **CTI（当前时间指示器）** 移动到 **18 秒（18:00）**。

11. 单击并将**Pre-comp_03:Titans Title**合成从 Project(项目)面板拖动到 Timeline(时间轴)面板，放置在图层的底部。单击并拖动颜色条，使其左边缘与 CTI（当前时间指示器）对齐。

添加另外两个嵌套的预合成。三个合成在 Timeline（时间轴）中交错排列，以便它们在一定时间内重叠。

添加过渡效果

接下来将应用过渡效果来显示标题序列中的后续镜头。**淡出（fade）** 是在早期电影制作中每个标题序列开始和结束时常用的过渡方式，它将场景增加或减少为一种颜色。当一个场景淡入时，另一个场景可以淡出，这称为**溶解（dissolve）**，经常用于表示时间的流逝。**擦除（wipe）** 过渡对观众来说在视觉上是很明显的，并且能清楚地记录变化。

1. 将 **CTI（当前时间指示器）** 移动到 **10 秒（10:00）**。

2. 在 Timeline(时间轴)面板中选择 **Pre-comp_01:Zeus** 图层。选择 **Effect（效果）>Transition（过渡）> CC Image Wipe** 菜单命令。

3. 在 Effect Controls(效果控件)面板中，单击 Completion 属性旁边的 **stopwatch（时间变化秒表）** 图标。

4. 将 **CTI（当前时间指示器）** 移动到 **12 秒（12:00）**。

5. 将 Completion 属性设置为 **100%**。

6. 单击 **Play/Stop（播放 / 停止）** 按钮，查看过渡效果。

◀ CC Image Wipe 效果使用渐变来显示图层，它是溶解和擦除的结合。

7. 将 **CTI（当前时间指示器）** 移动到 **18 秒（18:00）**。

8. 在 Timeline（时间轴）面板中选择 **Pre-comp_02:Hades** 图层。选择 **Effect（效果）>Transition**

（过渡）> **CC Image Wipe** 菜单命令。

9. 在 Effect Controls（效果控件）面板中，单击 Completion 属性旁边的 **stopwatch（时间变化秒表）** 图标。

10. 将 **CTI（当前时间指示器）** 移动到 **20 秒（20:00）**。

11. 将 Completion 属性设置为 **100%**。

12. 单击 **Play/Stop(播放 / 停止)** 按钮，查看过渡效果。这样就完成了本练习。

13. 选择 **File(文件)** > **Save(保存)** 菜单命令，保存项目文件。

7.7 练习 3：为片尾视频制作抠像

视频通常包含 Alpha 通道，After Effects 可以通过抠像创建该通道。**抠像（keying）** 是在视频中拾取特定的颜色（抠像关键）并将其从镜头中删除。一个典型的例子就是电视上常见的天气预报员，他们实际是站在蓝幕或绿幕前播报的，然后通过后期移除这一部分，并在所得的透明区域中放置天气图。

KEYLIGHT 是一款用于蓝幕和绿幕画面的抠像插件。通过这款插件，设计师只需单击几下鼠标就可以完成视频中的抠像操作。这款插件是 Foundry 公司授权使用的。

在使用 KEYLIGHT 插件之前，先介绍一下如何通过设置镜头生成干净的抠像素材。这看起来很简单——站在绿幕前面拍摄。但实际上会涉及很多方面，关键是从良好的照明开始。

照明至关重要。通常使用两个或更多个光源来照亮绿幕。要通过摆放灯光，以便尽可能地去除阴影。首选的方法是分别照亮背景和对象。

抠像以视频剪辑作为开始。在绿幕前拍摄素材后，将视频导入 After Effects 以删除绿色。"删除"可能不是最好的用词，因为抠像过程实际上会在主体周围生成一个 Alpha 通道蒙版，这个蒙版隐藏了绿色背景。

在 **Chapter_07 \ Completed** 下 找 到 **Keylight_Credits.mov** 文件并播放，可以查看项目的最终效果。项目显示了一个**匹配画面（match frame）**，这是一个从标题到电影的无缝过渡，反之亦然。无论视觉风格如何，它都与画面中的视觉构成相匹配。

1. 打开 **Chapter_07 \ 03_Keylight** 下 的 **03_Keylight_Start.aep** 文件。牛仔形象是在 Photoshop 中创建的。

2. 如 果 **Pre-comp: Cowboy Video** 合成未打开，可在 Project(项目)面板中双击它。它包含两个图层，分别为绿幕视频和背景图像。

3. 在 Timeline（时间轴）面板中选择 **Cowboy.mov** 图层。选择 **Effect（效果）> Keying > Keylight** 菜单命令，这会将插件效果应用于图层。

4. 在 Effect Controls(效果控件) 面板中，单击 Screen Colour 属性右侧的滴管图标，激活该工具。

5. 转到 Composition（合成）面板，然后单击牛仔周围的绿色区域。单击后，绿幕背景就会消失，而显示出背景图像。

6. 转到 Effect Controls（效果控件）面板，在 View 属性的

下拉列表中选择 **Screen Matte** 选项。使用 Screen Matte 选项能够将抠像素材中的 Alpha 通道遮罩显示为灰度图像。请记住，黑色区域是透明的，白色区域是不透明的。请注意，视频中仍有灰色阴影。尽管 KEYLIGHT 插件在抠图方面非常有效，但仍然需要一些调整。

7. 在 Effect Controls(效果控件)面板中，单击 Screen Matte 属性左侧的箭头图标，然后进行以下设置：

   •将 Screen Pre-blur 属性设置为 **1.0**，这会使边缘光滑

   •将 Clip Black 属性设置为 **15.0**，这会增加黑色的等级

   •将 Clip White 属性设置为 **85.0**，这会增加白色的等级

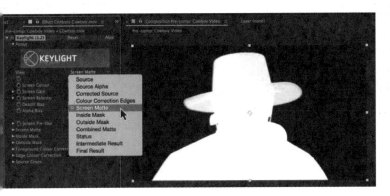

8. 在 View 属性的下拉列表中选择 **Final Result** 选项。现在已经把绿色背景去除了，但牛仔的周围仍然有一个轻微的光晕边缘。

9. 确保 **Cowboy.mov** 图层仍然被选择。选择 **Effect（效果）> Matte > Simple Choker** 菜单命令。在 Effect Controls（效果控制）面板中将 Choke Matte 属性设置为 1.0，这样就去除了光晕。

10. 单击 **Play/Stop（播放 / 停止）**按钮，查看效果。保存当前项目。

11. 在 Project（项目）面板中双击 **Pre-comp: Wanted_ Poster** 合成。导入分层的 Photoshop 文件时选择 Composition-Retain Layer Sizes（合成 -保持图层大小）选项。图稿的尺寸大于最终作品的高度和宽度，这为重新定位、缩放和旋转等操作提供了空间。

将结束标题序列放在一起

1. 选择 **Composition（合成）> New Composition（新建合成）** 菜单命令，在弹出的对话框中进行以下设置：

   - Composition Name（合成名称）：**Main Comp: End Credits**

   - Preset（预设）：**HDV/HDTV 720 29.97**

   - Duration（持续时间）：**0:00:06:00（6 秒）**

   - 单击 **OK（确定）** 按钮

2. 单击并将 **Pre-comp: Cowboy Video** 合成从 Project（项目）面板拖动到 Timeline（时间轴）面板。

3. 将 **CTI（当前时间指示器）** 移动到 **1 秒 20 帧（0:00:01:20）**。

4. 单击并将 **Pre-comp: Wanted_Poster** 合成从 Project（项目）面板拖动到 Timeline（时间轴）面板，放置在图层的顶部。单击并拖动颜色条，使其左边缘与 CTI（当前时间指示器）对齐。

5. 将 **CTI（当前时间指示器）** 移动到 **2 秒（02:00）**。

在 Timeline（时间轴）面板中选择 **Pre-comp: Wanted_Poster** 图层，然后进行以下操作：

- 按 **P** 键以仅显示 Position（位置）属性

- 将 Position（位置）属性设置为 **83.0, 371.0**

- 按 **Shift + S** 键添加显示 Scale（缩放）属性

- 按 **Shift + R** 键添加显示 Rotation（旋转）属性

- 单击 Position（位置）属性、Scale（缩放）属性和 Rotation（旋转）属性旁边的 **stopwatch（时间变化秒表）**图标

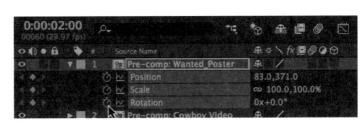

将 **CTI（当前时间指示器）**移动到 **3 秒（03:00）**，然后进行以下设置：

- 将 Position（位置）属性设置为 **436.0, 394.0**

- 将 Scale（缩放）属性设置为 **60%**

- 将 Rotation（旋转）属性设置为 **0× −6.0°**

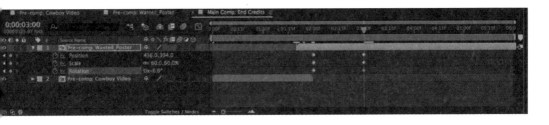

将 **CTI（当前时间指示器）**移动到 **3 秒 10 帧（0:00:03:10）**。

单击 Position（位置）属性、Scale（缩放）属性和 Rotation（旋转）属性左侧的灰色菱形图标以添加关键帧，这样就无需手动更改图层的透明度。

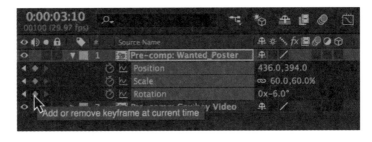

将 **CTI（当前时间指示器）** 移动到 **5 秒 20 帧（0:00:05:20）**，然后进行以下设置：

- 将 Position（位置）属性设置为 **1230.0, 452.0**

- 将 Scale（缩放）属性设置为 **100%**

- 将 Rotation（旋转）属性设置为 0× +0.0°

11. 在 Timeline（时间轴）上单击并拖曳鼠标，框选所有关键帧。选择 Animation（动画）>Keyframe Assistant（关键帧辅助）> Easy Ease（缓动）菜单命令以平滑动画。

12. 单击 Play/Stop（播放/停止）按钮，查看动画。选择 File（文件）> Save（保存）菜单命令，保存项目文件。这个项目看起来还不错，但是当前图层的编辑方式为了匹配帧而创建了硬切出。**切出（cut）**是一个镜头，通过它可以轻松更改场景的长度或顺序。切换镜头有助于提升故事情节，任何镜头都可以作为切出镜头，只要它与主要动作相关。编辑场景的目的是希望观众假定时间和空间是不间断的。

创建轨道遮罩

1. 将 **CTI（当前时间指示器）** 移动到 **1 秒 20 帧（0:00:01:20）**。

2. 单击 Timeline（时间轴）面板下方的灰色区域，或使用快捷键 **Command**（Mac）/**Ctrl**（Windows）**+ Shift + A**，取消选择所有图层。

3. 按住 **Rectangle Tool（矩形工具）** 以打开弹出菜单，从中选择 **Star Tool（星形工具）**。

4. 在 Composition（合成）面板中单击并拖曳鼠标以绘制一个星形，然后进行以下设置：

- 将形状图层的 Fill（填充）颜色设置为白色

- 将形状图层的 Stroke（描边）选项设置为 None（无）

5. 在 Timeline（时间轴）面板中，选择 **Shape Layer 1** 图层并按 **Return/Enter** 键，将图层重命名为 **Track Matte**。

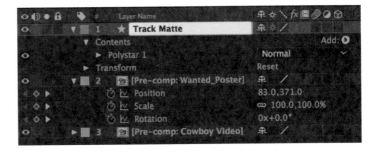

6. 选择 **Track Matte** 图层。按住 **Command**（Mac）**/Ctrl**（Windows）键并双击 Tools（工具）面板中的 **Pan Behind(AnchorPoint)Tool（向后平移（锚点）工具）** 按钮。这是将锚点移动到形状图层中心的快捷方式。

7. 在 Tools（工具）面板中选择 **Selection Tool（选取工具）**。

8. 按 S 键以仅显示 Scale（缩放）属性。将 Scale（缩放）属性设置为 **0%**，然后单击属性旁边的 **stopwatch（时间变化秒表）** 图标。

9. 将 **CTI（当前时间指示器）** 移动到 **1 秒 25 帧（0:00:01:25）**。

10. 将 Scale（缩放）属性设置为 **1500%**。这会放大形状图层至整个屏幕。

11. 在 Timeline(时间轴) 上单击并拖曳鼠标，框选 Scale(缩放) 属性的两个关键帧。选择 **Animation(动画) > Keyframe Assistant（关键帧辅助） > Easy Ease（缓动）** 菜单命令以平滑动画。

12. 在 Timeline（时间轴）面板中选择 **Pre-comp: Wanted_Poster** 图层。

13. 单击 Timeline（时间轴）面板底部的 **Toggle Switches/Modes（切换开关 / 模式）** 按钮。

14. 在 **Pre-comp: Wanted_Poster** 图层的 Track Matte（轨道遮罩）下拉列表中，通过选择 **Alpha Matte "Track Matte"（Alpha 遮罩 "Track Matte"）** 选项来定义轨道遮罩的透明度。

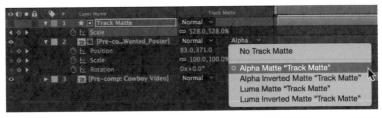

15. 单击 **Play/Stop（播放 / 停止）** 按钮，查看轨道遮罩。完成本章练习。

16. 完成后，还可以进行渲染输出。选择 **Composition（合成）> Add to Render Queue（添加到渲染队列）** 菜单命令，在 Render Queue（渲染队列）面板中进行以下设置：

    • 单击 Output Module（输出模块）旁边的 **Lossless（无损）**

    • 在打开的对话框中，将 Format（格式）设置为 **QuickTime**，然后单击 **Format Options（格式选项）** 按钮，将 Video Codec（视频编解码器）设置为 **H.264**

    • 在 **Output To（输出到）** 右侧设置硬盘路径

    • 单击面板右侧的 **Render（渲染）** 按钮

17. 选择 **File（文件）> Save（保存）** 菜单命令，保存项目文件。

本章小结

至此，就完成了动态标题序列的介绍。成功的电影标题序列会成为视觉叙事的一部分，帮助建立场景感，传达故事的主题，甚至暗示一些情节。设计师需要在构图中加入平衡、接近、强调和空间等设计原则。视觉属性（如颜色、明暗度和纹理）可确保图像的一致性。

本章还介绍了通过视差滚动模拟深度。混合模式允许用户在 After Effects 中混合堆叠图层的色调、饱和度和亮度。最后，抠像的过程会在对象周围生成 Alpha 通道蒙版，此蒙版可以隐藏绿幕。

下一章将介绍在三维空间中制作动效。

第 **8** 章

三维空间中的动效

本章将涉足三维领域。After Effects 允许用户在三维（3D）空间中定位和制作图层动画。本章还将介绍 After Effects 和 Cinema 4D 之间的协同工作流程，介绍 Cinema 4D Lite 软件，以及如何使用 CINEWARE 插件将三维模型集成到动效设计项目中。

学习完本章后，读者应该能够了解以下内容：

- 在 After Effects 中创建 3D 图层并设置其动画
- Cinema 4D Lite 中的模型挤压类型
- 在 Cinema 4D Lite 中添加材质
- 在 Cinema 4D Lite 中添加灯光
- 在 After Effects 中使用 3D 摄像机跟踪器
- 使用 CINEWARE 合成 3D 对象

8.1 在 After Effects 中进入 3D 空间

到目前为止，已经完成了 X 轴和 Y 轴两个维度的学习。After Effects 还允许用户沿 Z 轴（深度）移动图层。此外，用户还可以添加相机，甚至是添加照亮 3D 图层的光源，从而创建逼真的投射阴影。与其他三维建模程序类似，After Effects 将其坐标系分为三个轴。

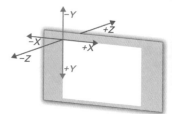

- X **轴**水平延伸，O 点位于合成的左边缘。

- Y **轴**垂直延伸，O 点位于合成的顶部边缘。

- Z **轴**垂直于合成的平面（朝向或远离用户的方向），O 点位于合成的平面位置。

Chapter_08 文件夹中包含了完成本练习需要的所有文件，请先下载 **Chapter_08.zip** 文件。第一个练习从基础开始，将文本图层在 After Effects 中转换为 3D 图层。除调整图层外，任何包含内容的图层都可以放置在 3D 空间中。

8.2 练习 1：在 3D 空间中制作文本动画

本练习的设计项目是一个名为 CABIN FLIP 的虚构电视节目的标题。在 **Chapter_08 \ Completed** 文件夹中找到并播放 **Cabin_Flip_3D_Text.mov** 文件，可以查看项目的最终效果。

1. 打开 **Chapter_08 \ 01_3D_ Text** 文件夹中的 **01_3D_ Text_Start.aep** 文件。如果 **3D Text** 合成未打开，可在 Project（项目）面板中双击它。该合成包含了 4 个图层，其中 3 个是文本图层。

2. 在 Timeline（时间轴）面板中选择 **CABIN** 图层，然后单击 Text（文本）属性和 Transform（变换）属性左侧的箭头图标。单击 **Text（文本）**属性右侧的 **Animate（动画）**箭头按钮，在弹出的菜单中选择 **Enable Per-character 3D （启用逐字 3D 化）**命令。

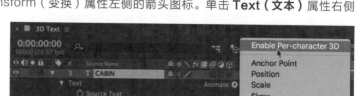

在 CABIN 图层的 3D 图层列的位置会出现一个双立方框图标，红色、绿色和蓝色的坐标轴也出现在文本对象的锚点处。

当图层转换为 3D 图层时，它将获得 Z 轴。现在有 3 种 Rotate（旋转）属性可供选择，名为 Orientation（方向）的新变换属性表示图层的绝对旋转 XYZ 角度。

3. 按 **Home** 键将 **CTI（当前时间指示器）**移动到 Timeline（时间轴）的开头（**00:00**）。

4. 按 R 键以显示文本图层的 Rotation（旋转）属性。将 **X Rotation（X 轴旋转）**属性设置为 **0× −86°**，然后单击属性旁边的 **stopwatch（时间变化秒表）**图标。

5. 接下来按照动画原理来创建一个摇摆类型的动画。依次进行以下设置：

- 将 **CTI（当前时间指示器）**移动到**第 15 帧（0:00:00:15）**。

- 将 X Rotation（X 轴旋转）属性设置为 **0× +60.0°**。

- 将 **CTI（当前时间指示器）**移动到 **1 秒（01:00）**。

- 将 X Rotation（X 轴旋转）属性设置为 **0× −40.0°**。

- 将 **CTI（当前时间指示器）**移动到 **1 秒 15 帧（0:00:01:15）**。

- 将 X Rotation（X 轴旋转）属性设置为 **0× +40.0°**。

- 将 **CTI（当前时间指示器）**移动到 **2 秒（02:00）**。

- 将 X Rotation（X 轴旋转）属性设置为 **0× −20.0°**。

- 将 **CTI（当前时间指示器）**移动到 **2 秒 15 帧（0:00:02:15）**。

- 将 X Rotation（X 轴旋转）属性设置为 **0× +20.0°**。

- 将 **CTI（当前时间指示器）**移动到 **3 秒（03:00）**。

- 将 X Rotation（X 轴旋转）属性设置为 **0× −10.0°**。

- 将 **CTI（当前时间指示器）**移动到 **3 秒 15 帧（0:00:03:15）**。

- 将 X Rotation（X 轴旋转）属性设置为 **0× +10.0°**。

- 将 **CTI（当前时间指示器）**移动到 **4 秒（04:00）**。

- 将 X Rotation（X 轴旋转）属性设置为 **0× −5.0°**。

- 将 **CTI（当前时间指示器）** 移动到 **4 秒 15 帧（0:00:04:15）**。

- 将 X Rotation（X 轴旋转）属性设置为 **0× +5.0°**。

- 将 **CTI（当前时间指示器）** 移动到 **5 秒（05:00）**。

- 将 X Rotation（X 轴旋转）属性设置为 **0× +0.0°**。

6. 对所有 Rotation（旋转）属性的关键帧应用 Easy Ease（缓动）效果以平滑动画。

7. 单击 **Play/Stop（播放 / 停止）** 按钮，查看文本动画。保存当前项目。

8. 在 Timeline（时间轴）上单击并拖曳鼠标，框选 Rotation（旋转）属性的关键帧，然后通过选择 **Edit（编辑）> Copy（复制）** 菜单命令，或使用快捷键 **Command**（Mac）**/Ctrl**（Windows）**+ C** 复制它们。

9. 按 **Home** 键将 **CTI（当前时间指示器）** 移动到 Timeline（时间轴）的**开头（00:00）**。

10. 在 Timeline（时间轴）面板中选择 **FLIP** 图层。单击 **Text（文本）** 属性右侧的 **Animate（动画）** 箭头按钮，在弹出的菜单中选择 **Enable Per-character 3D（启用逐字 3D 化）** 命令。

11. 按 R 键以显示文本图层的 Rotation（旋转）属性。单击 **X Rotation（X 轴旋转）** 属性，选择 **Edit（编辑）> Paste（粘贴）** 菜单命令，或使用快捷键 **Command**（Mac）**/Ctrl**（Windows）**+ V**。复制的关键帧从 Timeline（时间轴）的开头出现。

▲ 读者现在可能注意到了，3D 图层是不包含任何厚度的。After Effects 允许设计师在三维空间中放置平面图层。可以把它想象成一张放在面前的纸，从一边转到另一边。

◀ 复制并粘贴文本图层的旋转关键帧。这时两个图层就会统一摆动。

12. 单击 **Play/Stop（播放 / 停止）** 按钮查看文本动画。选择 **File（文件）> Save（保存）** 菜单命令，保存项目文件。

使用父子层级链接图层

在第6章中，介绍了 After Effects 中的父子层级。本练习的下一部分将使用此方法将 **FLIP** 图层（子级）附加到 **CABIN** 图层（父级），这将会增强文本动画的摆动。

1. 按 **End** 键将 **CTI（当前时间指示器）** 移动到 Timeline（时间轴）的末尾。

2. 要设置父级结构，需要在 Timeline（时间轴）面板中打开 Parent（父级）列。如果尚未显示，可以用鼠标右键单击 **Layer Name（图层名称）** 列标题，然后选择 **Columns（列数）> Parent（父级）** 命令。

3. 单击 **FLIP** 图层的 Pick Whip（父级关联器）图标，并将其拖动到 **CABIN** 图层的名称列，然后释放鼠标左键，将两个图层链接在一起。

4. 按 **Home** 键将 **CTI（当前时间指示器）** 移动到 Timeline（时间轴）的开头（**00:00**）。

5. 选择 **FLIP** 图层，删除 Timeline（时间轴）开头的**第一个关键帧（00:00）**。这将制作标题在屏幕上展开的视觉效果，FLIP 一词现在只会在 CABIN 一词完成一次摆动动作后出现。

6. 将 **CTI（当前时间指示器）** 移动到**第15帧（0:00:00:15）**，然后进行以下设置：

   • 将 X Rotation（X轴旋转）属性设置为 **0× +33.0°**

   • 按 **Option/Alt + [** 键修剪图层的入点

   • 将 **CTI（当前时间指示器）** 移动到 **4秒**（**04:00**）

   • 将 X Rotation（X轴旋转）属性设置为 **0× -2.0°**

   • 将 **CTI（当前时间指示器）** 移动到 **4秒15帧（0:00:04:15）**

   • 将 X Rotation（X轴旋转）属性设置为 **0× +2.0°**

7. 在 Timeline（时间轴）面板中，为文本图层打开 **Motion Blur（运动模糊）** 开关。要在 Composition（合成）面板中查看运动模糊，还需要单击 Timeline（时间轴）面板顶部的 **Enable Motion Blur（启用运动模糊）** 按钮。

淡入时间

1. 将 **CTI（当前时间指示器）** 移动到 **3秒**（**03:00**）。

2. 选择 **Friday 8|7c** 文本图层，按 T 键以仅显示 Opacity（不透明度）属性。将 Opacity（不透明度）属性设置为 **0%**，然后单击属性旁边的 **stopwatch（时间变化秒表）** 图标。

3. 将 **CTI（当前时间指示器）**移动到 **4 秒（04:00）**。将 Opacity（不透明度）属性设置为 **100%**。

4. 对两个 Opacity（不透明度）属性的关键帧应用 Easy Ease（缓动）效果。

缩放背景图像

1. 按 **Home** 键将 **CTI（当前时间指示器）**移动到 Timeline（时间轴）的开头（00:00）。

2. 选择 **Cabin.png** 图层，按 S 键以仅显示 Scale（缩放）属性。单击 Scale（缩放）属性旁边的 **stopwatch（时间变化秒表）**图标。

3. 按 **End** 键将 **CTI（当前时间指示器）**移动到 Timeline（时间轴）的末尾。

4. 将 Scale（缩放）属性设置为 **110%**。这将创建一个细微的放大效果，使合成具有一点动感。

5. 对两个 Scale（缩放）属性的关键帧应用 Easy Ease（缓动）效果。

6. 单击 **Play/Stop（播放 / 停止）**按钮，查看 3D 文本动画。这就完成了本练习。

7. 选择 **File（文件）> Save（保存）**菜单命令，保存项目文件。

8.3 练习 2：添加与制作 3D 灯光

照明对于 3D 场景及其对象同等重要。戏剧性的灯光和阴影可以把一个沉闷的场景变成奇幻的舞台。本练习将继续在 3D 空间中转换图层，并添加灯光图层（light layers）来创建阴影以增强深度感。

1. 打开 **Chapter_08 \ 02_3D_Light** 文件夹中的 **02_3D_Lights_Start.aep** 文件。如果 **Title Card** 合成未打开，可在 Project（项目）面板中双击它。它包含在 Illustrator 中创建的 4 个图层。

2. 在 3D 空间中经常要将图层放大到 100% 以上，这会影响图像质量。为 Timeline（时间轴）面板中的所有图层打开 **Continuously Rasterize（连续栅格化）**开关，保证每个图层有清晰的矢量路径。

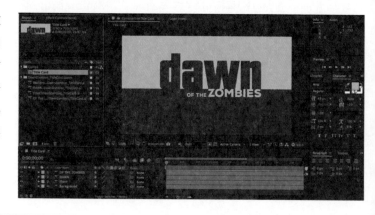

3. 在 Timeline（时间轴）面板中，打开所有图层的 **3D Layer（3D 图层）** 开关，它的图标是一个立方框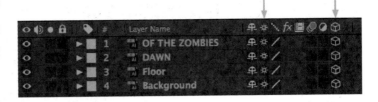。

4. 按 **Home** 键将 **CTI（当前时间指示器）** 移动到 Timeline（时间轴）的开头 **（00:00）**。

5. 选择 **Background** 图层，按 **P** 键以仅显示 Position（位置）属性。三个数值分别代表 X、Y、Z 轴坐标，更改图层的 X 轴坐标会向左或向右移动图层，更改 Y 轴坐标会向上或向下移动图层，更改 Z 轴坐标会朝向或远离镜头移动图层。

6. 将 Position（位置）属性设置为 **640.0, 360.0, 500.0**。最后一个值将图层移动到远离镜头的方向，这将为在背景和文本之间放置光源留出空间。

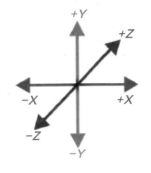

7. 按 **Shift + S** 键添加显示 Scale（缩放）属性。

8. 将 Scale（缩放）属性设置为 **140%**，以适合 Composition（合成）面板中的图层。

9. 选择 **Floor** 图层，按 **P** 键以仅显示 Position（位置）属性。将 Position（位置）属性设置为 **640.0, 565.0, 0.0**。

10. 按 **Shift + R** 键添加显示 Rotation（旋转）属性，然后将 X Rotation（X 轴旋转）属性设置为 **0× − 75.0°**。这将为图层创建一个良好的角度，以显示任何投射阴影。

11. 按 **Shift + S** 键添加显示 Scale（缩放）属性。将 Scale（缩放）属性设置为 **250%**，以适合 Composition（合成）面板中的图层。

12. 选择 **DAWN** 图层，按 **P** 键以仅显示 Position（位置）属性。将 Position（位置）属性设置为 **660.0, 340.0, 360.0**。

13. 选择 **OF THE ZOMBIES** 图层，按 **P** 键以仅显示 Position（位置）属性。将 Position（位置）属性设置为 **750.0, 460.0, 280.0**。

14. 在 Composition（合成）面板显示当前 3D 位置的有限视图。转到 Composition（合成）面板，在 3D View（3D 视图）弹出菜单中，将视图从 **Active Camera（活动摄像机）** 更改为 **Custom View 1（自定义视图 1）**。Composition（合成）面板现在显示了更好的角度，以便更好地查看 3D 位置。这里有几种视图可供选择。

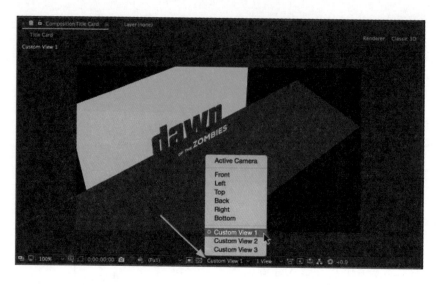

15. 从 3D 视图返回到 **Active Camera（活动摄像机）** 视图。至此已经完成了 3D 场景，是时候添加一些灯光了。

添加 3D 灯光

1. 为合成添加一个灯光。选择 **Layer（图层）> New（新建）> Light（灯光）** 菜单命令，在弹出的 Light Settings（灯光设置）对话框中进行以下设置：

- 将 Name（名称）设置为 **Sunlight**

- 将 Light Type（灯光类型）设置为 **Point（点）**

- 将 Intensity（强度）属性设置为 **150%**

- 将 Falloff（衰减）设置为 **Smooth（平滑）**

- 单击 **OK（确定）** 按钮，默认光源由新的灯光图层替换

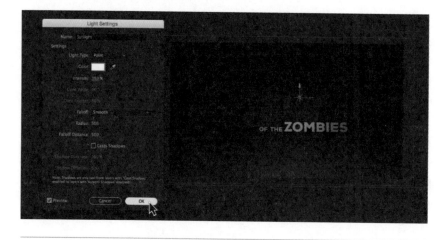

2. 选择 **Sunlight** 图层，按 **P** 键以仅显示 Position（位置）属性。将 Position（位置）属性设置为 **655.0, 150.0, 250.0**。

3. 再添加另一个灯光，此灯光会将阴影投射到 Floor 图层上。选择 **Layer（图层）> New（新建）> Light（灯光）** 菜单命令，在弹出的 Light Settings（灯光设置）对话框中进行以下设置：

   - 将 Name（名称）设置为 **Shadow Light**

   - 将 Light Type（灯光类型）设置为 **Point（点）**

   - 将 Intensity（强度）属性设置为 **100%**

   - 将 Falloff（衰减）设置为 **Smooth（平滑）**

   - 选择 **Casts Shadows（投影）** 选项

   - 单击 **OK（确定）** 按钮

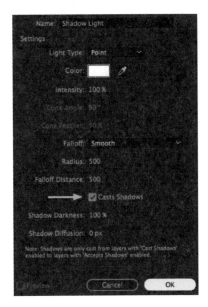

4. 选择 **Shadow Light** 图层，按 **P** 键以仅显示 Position（位置）属性。将 Position（位置）属性设置为 **655.0, 220.0, 500.0**。为了查看阴影，需要设置哪些 3D 图层将投射阴影，哪些 3D 图层将接受阴影。

5. 选择 **OF THE ZOMBIES** 图层，按 **AA** 键（即按两次 A 键）以打开图层的 **Material Options（材质选项）** 属性。

   - 将 Casts Shadows（投影）属性设置为 On（开）

   - 将 Accepts Lights（接受灯光）属性设置为 Off（关）

Material Options（材质选项）属性定义了 3D 图层的表面特性，包括阴影和光线的透射。 ▶

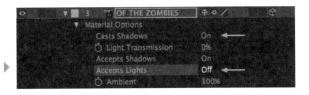

6. 选择 **DAWN** 图层，按 **AA 键**（即按两次 A 键）以打开图层的 **Material Options（材质选项）** 属性，将 Casts Shadows（投影）属性设置为 On（开）。

制作 3D 图层和灯光的动画

1. 将 **CTI（当前时间指示器）** 移动到 **4 秒（04:00）**。

2. 确保仍然选择了 **DAWN** 图层。按 **P** 键以仅显示 Position（位置）属性，然后单击 Position（位置）属性旁边的 **stopwatch（时间变化秒表）** 图标，添加关键帧。

3. 选择 **OF THE ZOMBIES** 图层。按 **P** 键以仅显示 Position（位置）属性，然后单击 Position（位置）属性旁边的 **stopwatch（时间变化秒表）** 图标。

4. 选择 **Sunlight** 图层。单击 Transform（变换）属性和 Light Options（灯光选项）属性左侧的箭头图标，

   然后单击 Position（位置）属性和 Intensity（强度）属性旁边的 **stopwatch（时间变化秒表）** 图标，添加关键帧。

5. 将 **CTI（当前时间指示器）** 移动到 **2 秒（02:00）**。

6. 选择 **OF THE ZOMBIES** 图层，然后将 Position（位置）属性设置为 **750.0, 525.0, 280.0**。这会降低地板图层下方文字图层的位置。

7. 按 **Home** 键将 **CTI（当前时间指示器）** 移动到 Timeline（时间轴）的开头 **（00:00）**。

▲
无论 Timeline（时间轴）面板中的堆叠顺序如何，3D 图层都将根据其较大的 Z 坐标值而移动到其他图层前。

8. 选择 **DAWN** 图层，然后将 Position（位置）属性设置为 **660.0, 630.0, 360.0**。这会降低地板图层下方文字图层的位置。

9. 选择 **Sunlight** 图层，然后将 Position（位置）属性设置为 655.0, 800.0, 250.0，将 Intensity（强度）属性设置为 **30%**。

10. 对所有关键帧应用 Easy Ease（缓动）效果以平滑动画。

11. 单击 **Play/Stop（播放/停止）** 按钮，查看 3D 动画和阴影效果。这就完成了本练习。

12. 选择 **File（文件）> Save（保存）** 菜单命令，保存项目文件。

8.4 Cinema 4D Lite 和 CINEWARE

Cinema 4D 是当今非常受欢迎的 3D 软件之一，用于创建效果惊艳的 3D 动画、产品模型、视频游戏素材等，它为三维建模、纹理、灯光、动画和渲染提供了既直观又友好的用户界面和工具集。After Effects CC 包含了精简版的 Cinema 4D（Lite）。

在 Cinema 4D Lite 中，可以使用线框对象创建三维场景，并可以通过虚拟摄影机从任何角度查看。基本的工作流程包括创建和布局 3D 对象、应用颜色与纹理、为场景打光、通过摄像机查看场景、设置动画的关键帧、渲染图像或动画。

CINEWARE 是一个插件，是整个 After Effects 和 Cinema 4D Lite 工作流程中不可或缺的一部分，它充当了桥梁的作用，把两个软件连接在一起。CINEWARE 显示在 After Effects 的 Effect Controls（效果控件）面板中，并且充当 After Effects 合成与 Cinema 4D 渲染引擎之间的实时对接界面。

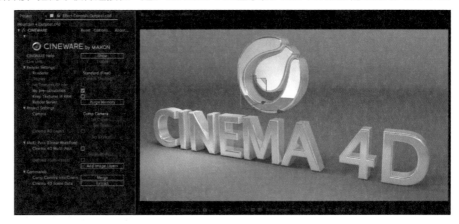

8.5 练习 3：使用 CINEWARE 中的 3D Tracker

After Effects 提供了 3D Camera Tracker（3D 摄像机跟踪器）效果，可分析视频的每个帧并提取摄像机运动和 3D 场景数据。此数据允许用户通过 2D 视频素材准确地合成 Cinema 4D 中的 3D 对象。在本练习中，将介绍如何将 3D 摄像机跟踪器与 CINEWARE 配合使用。

1. 打开 **Chapter_08 \ 03_CINEWARE** 文件夹中的 **03_Cinema4D_Start.aep** 文件。如果 **Mountain** 合成未打开，可在 Project（项目）面板中双击它。它包含一个由 QuickTime 影片素材创建的图层。

2. 要跟踪运动，请确保在 Timeline（时间轴）面板中选择了 **Mountain.mov** 图层。选择 **Animation（动画）> Track Camera（跟踪摄像机）**菜单命令，

3D Camera Tracker（3D 摄像机跟踪器）效果会被应用于图层，并自动开始分析视频的每个帧。After Effects 将会为用户完成所有艰难枯燥的分析工作。跟踪器分析的状态会在 Composition（合成）面板中显示为横幅。

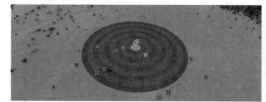

3. 自动分析完成后，视频上面会出现微小的交叉跟踪点，这些跟踪点被缩放以反映它们与相机的相对距离。把鼠标指针移动到跟踪点上，将看到一个红色靶心，它显示了移动场景中的方向。

4. 将 **CTI（当前时间指示器）** 移动到 **5 秒（05:00）**。

5. 要定位目标，需要选择至少三个跟踪点，或者可以围绕特定点拖动选择特定区域。在本练习中，按住 Shift 键选择在场景中间的六个绿色轨迹点。

6. 可以在 3D Camera Tracker（3D 摄像机跟踪器）效果中定义地平面和坐标系的原点（0，0，0）。在靶心目标上单击鼠标右键（Windows）或按住 **Control** 键单击（Mac），然后选择 **Set Ground Plane and Origin（设置地平面和原点）** 菜单命令。

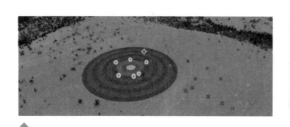
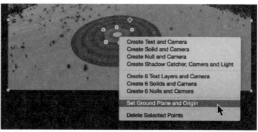

▲

记录 3D Camera Tracker（3D 摄像机跟踪器）效果的地平面和原点。读者将看不到任何可见结果，但软件会为此场景保存坐标系的参考平面和原点。这是非常重要的一步，因为它允许用户使用此平面和原点正确地将 Cinema 4D 对象放置在视频上面。

7. 在 Effect Controls（效果控件）面板上单击 **Create Camera（创建摄像机）** 按钮。这将在 Timeline（时间轴）面板中创建 3D Camera Tracker 图层。

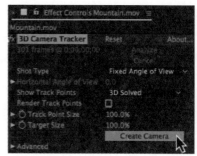

8. 选择 **File（文件）> Save（保存）** 菜单命令，保存项目文件。

在 Cinema 4D Lite 中创建 3D 模型

到目前为止，在二维视频中跟踪三维运动还是非常简单的。下面将介绍在 Cinema 4D Lite 中创建 3D 文本。这里的 3D 对象将定位在 After Effects 中，使用存储的 3D 摄像机跟踪数据和 CINEWARE 项目设置。

1. 要创建 Cinema 4D 图层，请确保 Timeline（时间轴）面板处于活动状态并突出显示。选择 **Layer（图层）> New（新建）> MAXON Cinema 4D File（MAXON Cinema 4D 文件）**菜单命令。

2. 在弹出的对话框中，将项目保存为 **Chapter_08 \ 03_CINEWARE \ Footage** 文件夹中的 **TrackText.c4d** 文件，单击 **Save（存储）**按钮。

   在保存文件后，Cinema 4D Lite 会自动启动并打开新文件。Cinema 4D Lite 的用户界面包括菜单栏，以及包含常用命令快捷方式的图标面板、显示 3D 场景的视图窗口和管理 3D 内容的管理器。主要的管理器包括以下四种。

■ **对象管理器（object manager）**：列出场景中的所有元素。它的格式为树状结构，在场景中显示对象及其层次结构。

■ **属性管理器（attribute manager）**：它为选定的对象和工具提供上下文信息和属性。创建新文件时，将显示有关文件的信息，包括帧速率和时间轴中的帧数。

■ **坐标管理器（coodinates manager）**：用于精确建模或操作。它提供了有关所选对象的位置、尺寸和旋转等数值数据，可用作信息，或者修改以更改对象。

■ **材质管理器（material manager）**：包含 3D 场景中使用的所有着色器和材质。材质定义 3D 对象的表面纹理，并包括颜色、反射率、折射、透明度等几个参数。

3. 在图标面板处找到 3 个场记板图标。单击右侧带有齿轮的场记板图标，会弹出 Render Settings（渲染设置）对话框。由于此 Cinema 4D 文件将从 After Effects 渲染，因此需要设置输出以匹配视频的分辨率。

4. 单击 Output（输出）选项卡下的箭头按钮，在弹出菜单中选择 **Film/Video> HDV/HDTV 720 29.97**。完成后，关闭 Render Settings（渲染设置）对话框。

5. 转到视图窗口编辑器下的时间轴控制面板。Cinema 4D Lite 中动画的默认持续时间为 90 帧，在文本框中输入 **300**，将持续时间更改为 300 帧。要查看时间轴中的所有帧，可单击 **300 F** 旁边的箭头图标并向右拖动。

3D 建模工作流程的第一步是创建模型。**模型（model）**是在场景中将 3D 对象排列在一起的集合，Cinema 4D 提供了一系列对象来进行 3D 建模过程。在本练习中，将使用**样条线（spline）**对象和 **NURBS（Non-Uniform Rational B-Splines）**生成器构建 3D 文本。

样条曲线是 3D 空间中由点连接成的线。样条曲线没有三维深度，但通过 NURBS 生成器的配合，可以创建复杂的 3D 对象。常见的 NURBS 生成器类型有挤压、旋转、放样和扫描。

6. 在图标面板处找到样条线图标，单击并按住图标，显示样条曲线形状的弹出面板，然后单击 **Text（文本）**图标以添加文本样条线。

7. 确保选中文本样条线，在属性管理器中进行以下设置：

　•将文本更改为 **YUKON**

　•将 Height（高度）属性设置为 **300cm**

　•将 Align（对齐）属性设置为 **Middle（中对齐）**

　•将 Horizontal Spacing（水平间隔）属性设置为 **−5cm**

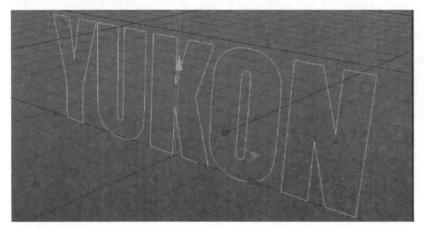

8. 在图标面板处找到生成器图标，然后选择 **Extrude(挤压)** 生成器。在对象管理器中，Extrude（挤压）生成器显示在 Text（文本）样条线上方。

9. 在对象管理器中，单击并将 **Text（文本）** 样条线拖动到 **Extrude（挤压）** 生成器中。在视图窗口中，2D 文本变为 3D 对象，生成器自动沿着 Z 轴拉伸文本样条线。

10. 确保选中 **Extrude（挤压）** 生成器，在属性管理器中将 Z 轴的 Movement（移动）属性设置为 **50cm**。

11. 转到材质管理器。选择 **Create（创建）> New Material（新材质）** 菜单命令，将显示新材质的预览。

12. 双击 **Mat** 图标，弹出 Material Editor（材质编辑器）对话框。Cinema 4D 中的每种材质都有几个可以打开和修改的通道。选择颜色通道时，可以进行以下设置：

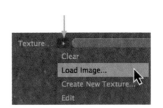

- 单击 **Texture（纹理）** 后的箭头按钮，在弹出菜单中选择 **Load Image（加载图像）** 命令

- 在 **Chapter_08 \ 03_CINEWARE \ Footage \ tex** 文件夹中找到 **Concrete.psd** 文件

- 单击 **OK（确定）** 按钮

13. 为了使混凝土纹理更具质感，将导入它的灰度属性。单击 **Bump（凹凸）** 通道选项，进行以下设置：

- 单击 **Texture（纹理）** 后的箭头按钮，在弹出菜单中选择 Load Image（加载图像）命令

- 在 **Chapter_08 \ 03_CINEWARE \ Footage \ tex** 文件夹中找到 **ConcreteBump.psd** 文件

- 单击 **OK（确定）** 按钮

- 将 Strength（强度）属性设置为 **50%**

- 完成后，关闭 Material Editor（材质编辑器）对话框

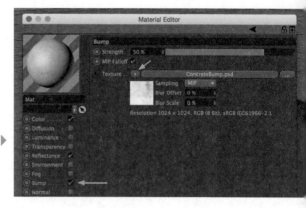

将图像加载到 **Bump（凹凸）** 通道中。凹凸贴图 ▶ 能够为曲面创建具有触感外观的视觉质感，它使用灰度位图生成凸起和凹陷。这个通道仅影响纹理的外观而不影响对象的几何形态。

Cinema 4D 允许将材质拖动到视图窗口中的对象上，来应用材质。用户还可以将材质拖动到对象管理器中的对象名称上。

14. 单击并从材质管理器中拖动新材质到对象管理器中的 **Extrude（挤压）** 生成器上。视图窗口中的对象将更改颜色，同时 Texture Tag（纹理标签）将显示在对象管理器中 **Extrude（挤压）** 生成器的右侧。

15. 在对象管理器中单击 **Extrude（挤压）** 生成器的 **Texture Tag（纹理标签）** ，将转到属性管理器，然后进行以下设置：

- 将 Offset V（偏移 V）属性设置为 **50%**

- 将 Length V（长度 V）属性由 **100%** 增加到 **150%**

- 将 Projection（投射）属性设置为 **Cubic（立方体）**

在 3D 场景中添加灯光

照明对于 3D 场景及其对象都很重要。Cinema 4D 提供了多种不同类型的灯光，包括泛光灯和聚光灯。默认的灯光是泛光灯，其作用类似于灯泡。这种灯光是白色的，不会投射任何阴影。

1. 单击 **Light（灯光）** 图标 添加灯光。注意，一旦添加了 **Light（灯光）** 对象，就会关闭默认照明。

2. 在对象管理器中选择 Light（灯光）对象后，将转到属性管理器。单击 **General（常规）** 选项卡，然后进行以下设置：

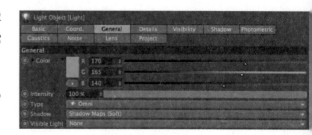

- 将 Color（颜色）属性设置为 **R:170, G:165, B:140**

- 保持 Intensity（强度）属性为 **100%**

- 将 Shadow（投影）属性设置为 **Shadow Maps(Soft)（阴影贴图（软阴影））**

3. 在属性管理器中，单击 **Details（细节）** 选项卡，然后进行以下设置：

- 将 Falloff（衰减）属性设置为 **Inverse Square(Physically Accurate)（平方倒数（物理精度）），** 这将模拟挤压文本上光线的真实衰减

- 将衰减的 Radius Decay（半径衰减）设置为 **1500cm**

4. 在属性管理器中，单击 **Coord.（坐标）** 选项卡，然后进行以下设置：

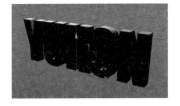

- 将 P.X 属性设置为 **−400cm**

- 将 P.Y 属性设置为 **950cm**

- 将 P.Z 属性设置为 **100cm**

5. 目标是创建与视频中灯光的颜色和位置相匹配的灯光。再次单击 **Light（灯光）** 图标，向 3D 场景添加第二个光源。在对象管理器中选择 **Light.1** 对象后，将转到属性管理器，单击 General（常规）选项卡，然后进行以下设置：

- 将 Color（颜色）属性设置为 **R:255, G:210, B:255**，这将与视频中的粉红色调相匹配

- 将 Intensity（强度）属性设置为 **75%**

- 将 Shadow（投影）属性设置为 **Shadow Maps(Soft)（阴影贴图（软阴影））**

6. 在属性管理器中，单击 **Coord.（坐标）** 选项卡，然后进行以下设置：

- 将 P.X 属性设置为 **−600cm**

- 将 P.Y 属性设置为 **150cm**

- 将 P.Z 属性设置为 **−1000cm**

7. 复制（**Command**（Mac）**/Ctrl**（Windows）**+ C**）并粘贴（**Command**（Mac）**/Ctrl**（Windows）**+ V**）对象管理器中的 **Light.1** 对象。

8. 在属性管理器中，单击 **Coord.（坐标）** 选项卡，然后进行以下设置：

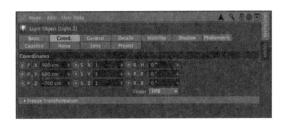

- 将 P.X 属性设置为 **900cm**

- 将 P.Y 属性设置为 **600cm**

• 将 P.Z 属性设置为 **−700cm**

9. 在对象管理器中选择 **Extrude（挤压）** 生成器。在属性管理器中，单击 **Coord.（坐标）** 选项卡，将 **R.H**
   属性设置为 **10°**。了解 Cinema 4D 中使用的旋转坐标系非常重要。该软件使用 HPB（Heading-
   Pitch-Bank）系统，介绍如下。

- **Heading（航向角）** 是方向参考，用来告诉用户
  对象指向的位置。
- **Pitch（俯仰角）** 是上下方向的旋转。
- **Bank（滚转角）** 是沿着中心轴（航向）的旋转。

使用环境吸收创建阴影

在回到 After Effects 之前，需要将环境光吸收添加到 3D 场景中。**环境吸收（ambient occlusion）**
是一种着色方法，它可以模拟阴影，而无须添加投射阴影的额外光线。用户可以使用环境吸收来强调包
含大量细节的曲面几何体，或者为整个场景添加柔光和阴影。

1. 在 Cinema 4D Lite 中打开 Render Settings（渲染设置）对话框。

2. 单击 **Effect（效果）** 按钮，从下拉菜单中选择 **Ambient Occlusion（环境吸收）** 命令。关闭 Render
   Settings（渲染设置）对话框。

3. 保存 Cinema 4D 文件。返回 After Effects，将看到 3D 文本在 Composition（合成）面板中被更
   新。在 Cinema 4D 与 After
   Effects 协同工作时，用户需
   要做的就是保存 3D 文件，
   并通过 After Effects 中的
   CINEWARE 实时自动更新。

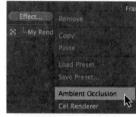

使用 CINEWARE 合成 3D 模型

CINEWARE 的 Renderer（渲染器）属性控制 Cinema 4D 文件在 After Effects 的 Composition
（合成）面板中的显示方式，默认设置为 **Software（软件）**。此模式是 After Effects 中最快的渲染方式，
并显示 3D 场景的低分辨率版本。在合成中使用此模式可快速
预览复杂的 3D 模型和动画。

软件还允许用户更改 **Display（显示）** 属性，默认设置为
Current Shading（当前着色）。在此模式下，CINEWARE
使用 Cinema 4D 中的视图窗口显示设置。还有另外两种显示
模式，**Wireframe（线框）** 和 **Box（方形）**，可以通过下拉列

表选择，它们提供了 3D 场景的简化表示，渲染速度较快。

  Display（显示） 属性下有三个选项。**No Textures/Shader（无纹理 / 着色器）** 选项将通过不渲染任何纹理和着色器来加速渲染。**No pre-calculation（无预计算）** 选项禁用 Cinema 4D 的图形对象、效应器或粒子模拟所需的内存密集型计算。**Keep Textures in RAM（将纹理保存在 RAM）** 选项即在 RAM 中缓存纹理，以便在渲染过程中不会每帧都重新加载纹理，可以更快地访问。

  确保 **Display（显示）** 属性为 **Current Shading（当前着色）**。**Standard(Draft)（标准（草稿））** 渲染模式提供了更好的 3D 场景图像，但关闭了较慢的设置，如抗锯齿等，以便更快地渲染。**Standard(Final)（标准（最终））** 渲染模式使用了 Cinema 4D 文件中的渲染设置，它为 After Effects 中的最终渲染提供了最佳分辨率。

  Render Settings（渲染设置）选项栏下方是 **Project Settings（项目设置）** 选项栏，它允许用户选择用于渲染的摄像机。本练习的最后一部分会重点介绍如何使用这些设置来跟踪 3D 对象并将其合成为实时的素材。

1. 将渲染设置的 Display（显示）模式设置为 **Standard(Final)（标准（最终））**。生成的文本显示在 Composition（合成）面板中，可见它的位置和方向与视频素材并不匹配。

2. 确保在 Timeline（时间轴）面板中选择了 Cinema 4D 图层。

3. 转到 CINEWARE 效果控件面板，在 Project Settings（项目设置）选项栏中，将 Camera（摄像机）属性由 **Cinema 4D Camera（Cinema 4D 摄像机）** 更改为 **Comp Camera（合成摄像机）**。3D 文本将立即捕捉到靶心所记录原点的位置。

Comp Camera（合成摄像机）选项用于通过 **Layer（图层）> New（新建）> Camera（摄像机）** 菜单命令或通过 3D Camera Tracker（3D 摄像机跟踪器）效果添加到 After Effects 的摄像机。

4. 按 **End** 键将 **CTI（当前时间指示器）** 移动到 Timeline（时间轴）的末尾。

5. 选择 **TrackText.c4d** 图层。在 Cinema 4D 文件中更改帧的持续时间后，颜色条现在会延伸到

Timeline（时间轴）的末尾。通过按 **Option/Alt +]** 键重新调整其 Out Point（出点）。

6. 单击 **Play/Stop（播放 / 停止）** 按钮。本练习的目的是演示一种工作流程，用于在 After Effects 中将 3D 对象快速高效地放置到跟踪的原点上。

7. 选择 **File（文件）> Save（保存）** 菜单命令，保存项目文件。

本章小结

　　After Effects 提供了 3D 功能，这是二维和三维世界之间的混合体。在 After Effects 中，通过打开图层的 3D 开关，可以将 2D 对象放置在 3D 空间中。即使可以在 3D 空间中定位和旋转图层，但它仍然可能是平面的 2D 对象。

　　在 Cinema 4D Lite 中，可以通过虚拟摄像机从任何角度来查看使用线框对象创建的 3D 场景。本章还介绍了如何在 After Effects 中使用 3D 摄影机跟踪效果。这提供了相对容易的工作流程，用于在 After Effects 中将 3D 对象从 Cinema 4D 合成到视频素材上。通过 CINEWARE 渲染设置和项目设置，可以使这两个应用程序之间的工作变得非常灵活。

第 **9** 章

在动态设计中前行

前面几章介绍了构图和布局、视觉层次、文字版式、标志设计，以及应用在用户界面和交互设计的动画原则、3D 多媒体集成等。在最后一章，将提供一些制作动效的技巧和实践方法指引，希望这些能帮助读者继续在动态设计的征程上前行。

学习完本章后，读者应该能够了解以下内容：

- 创建向客户推销宣讲时用的视觉演示材料
- 为动画项目文件定义有效的命名约定
- 使用 Media Encoder 渲染呈现项目

9.1 前期制作：推介

如第 2 章所述，设计师必须通过草图、分镜、风格图和动画样片来预先显示他们的想法。这有助于在设计制作开始之前向客户清晰地传达想法和统一的视觉方向。这些解决方案会推介给客户，目的是使客户接受设计师的想法。

推介通常由艺术总监使用视觉演示来完成。实际中的推介也可能不是总监们亲自完成的，而是通过在线发送演示文稿的方式。因此，以最有效的方式清楚地传达创意是至关重要的。视觉演示必须满足客户的需求，支撑设计师想要传达的信息，并展示设计的解决方案。

要遵循的最佳规则是保持视觉的简洁性并直切要点。一般而言，大多数人一次只能记住三个元素，所以确保只包含所需的关键内容。查看客户简报的内容，并将重点放在正在呈现的关键概念和想法上。这将有助于缩减每张幻灯片上的信息量。演讲需要给听众留下持久的印象。那么，如何制作一个好的演示文稿呢？

- **限制使用的字体数量：** 设计者不应该使用太多字体来制作演示文稿或设计解决方案。将所用字体的数量限制为两个或三个。思考一下需要传达的信息，并将其与恰当的排版风格相匹配。请记住，有衬线字体会唤起古典、浪漫、优雅或正式的感觉，无衬线字体可表示现代、干净、简约或友好的事物。

  classic (Garamond)   modern (Helvetica)
  romantic (Caslon)   clean (Tahoma)
  elegant (Baskerville)   minimal (Avenir)
  formal (Times)   friendly (Gill Sans)

- **维持前后一致的布局设计：** 使用网格可视化地组织幻灯片。网格结构在整个演示文稿布局中要保持一致性、统一性和层次结构。这是组织内容最有效的方式。

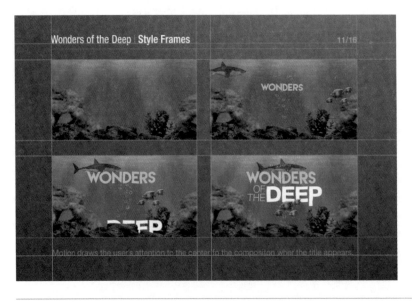

- **使用中性色作为演示模板的颜色方案：** 可以使用颜色来集中注意力，但它们同样也可能分散注意力。要时刻记住幻灯片主要想表达的重点是什么。演示文稿的中性色可以让设计解决方案脱颖而出成为焦点。

- **建立叙述的流畅性：** 要时刻记住通过演示文稿讲述故事。要考虑到幻灯片的顺序，以及如何将其呈现给客户。将内容划分为较小的"信息块"，在幻灯片上每一次提供不超过三个关键点。

- **校对和拼写检查：** 错别字和语法错误将会让客户觉得不够专业。

推介演示文稿中都应包含什么

每张幻灯片必须按照建立的网格系统来排版。每张幻灯片都应包含描述性文本内容，例如页眉、页脚和页码。推介演示文稿应至少包括以下这些幻灯片页面：

- 带有项目名称、日期和客户标志的标题幻灯片

- 动效设计项目概要

- 视觉灵感阐述

- 主题颜色色板

- 字体排版 / 标志的概念

- 用于说明项目逐个镜头流程的分镜

- 风格图与描述性文字，用来阐述视觉外观

- 感谢幻灯片，包含公司的标志和联系信息

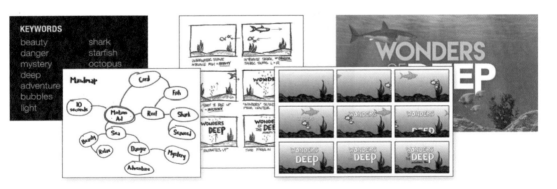

多次练习

第一次向客户展示时可能会非常伤脑筋，而适当的准备和计划可以提供帮助。可以尝试在一群人如同事、家人等面前排练，他们的反应是测试材料内容及增强信心的好方法。时间安排在演讲中也至关重要。根据练习的时间，增减和打磨演示文稿，使其仅包含相关信息。

9.2 制作：命名规范

一旦设计师与客户进行了联系，制作就开始了。读者可以创建材质元素，并在 After Effects 中的 Timeline（时间轴）面板的图层上导入和排列多媒体元素。大多数情况下，设计师会在一个团队中进行动态设计项目。从时间管理的角度来看，定义一致的命名规范至关重要。

读者有没有过使用 final（最终版）这个词保存文件的经历呢？这可能是在命名中使用的最糟糕的词。在 After Effects 中工作时，请尝试使用每个人都能明白的命名约定，例如：

- 客户的名字或首字母缩略词

- 项目名称或名称的简短版本

- 项目的动效类型

- 保存文件的日期

- 版本号

增量保存

After Effects 提供了一个使用新的自动生成名称保存项目副本的选项。选择 **File（文件）> Increment and Save（增量保存）**菜单命令，或使用快捷键 **Command + Option**（Mac）**/Ctrl + Alt**（Windows）**+ Shift + S**。如果项目文件损坏且无法正常打开，则可以使用它，这时会返回到以前的版本，而无须重新开始。

每个动态设计项目都应具有一致的文件夹结构，这将用于组织前期制作和后期制作内容。在 After Effects 的项目中也应使用一致的命名结构。养成在 Timeline（时间轴）面板中命名所有图层的习惯，并将相关内容分组到 Project（项目）面板的文件夹中。

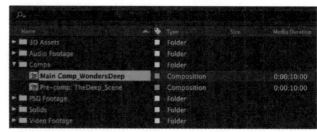

9.3 后期制作：Media Encoder

尽管 After Effects 可以轻松渲染视频文件和图像序列，但它并不总是最佳选择。Media Encoder 提供了许多选项来微调编码过程，并且通常可以产生更好的效果。用户可以通过选择 **Composition（合成）>**

Add to Adobe Media Encoder Queue（添加到 Adobe Media Encoder 序列）菜单命令，在 Media Encoder 中打开项目。此时 Media Encoder 将启动，并将导入的合成添加到队列中。

Media Encoder 提供了丰富的预设，每个预设都会自动为视频和音频设置恰当的编码选项。用户还可以自定义这些选项。单击预设可以打开 Export Settings（导出设置）对话框。

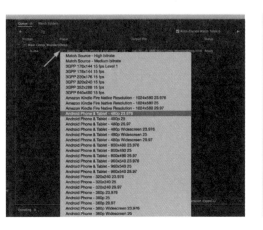

Export Settings（导出设置）对话框分为四个部分。左上方显示视频预览，左下方允许剪辑和添加提示点，右上方汇总了导出设置，右下方提供了自定义视频和音频导出的选项。

视频设置分为三个部分：基本视频设置、比特率设置和高级设置。**比特率（bit rate）**是视频中每秒传送的数据比特数（bit/s，bit per second）。

视频可以用恒定比特率（CBR）或动态比特率（VBR）编码。**恒定比特率（CBR，constant bit rate）**将视频中的每个帧压缩到固定限度；**动态比特率（VBR，variable bit rate）**较少地压缩复杂帧，更多地压缩简单帧。VBR 文件往往具有更高的图像质量，因为 VBR 会定制图像内容的压缩量。

切换到 Audio（音频）选项卡。重要的是要了解比特率包含两个轨道：视频轨道和音频轨道。视频文件的总比特率是视频比特率和音频比特率的总和。若要减小总体文件大小，请为 Output Channel（输出通道）选项选择 Mono（单声道）而不是 Stereo（立体声），其实用户并不会注意到有太多差异。单击 OK（确定）按钮，关闭 Export Settings（导出设置）对话框。

可以通过单击 Duplicate（复制）按钮🔳，从单个 After Effects 合成创建多个输出。复制后更改每个重复项目的预设。单击 Start Queue（开始队列）按钮▶，Media Encoder 开始编码列表中的文件。在对文件进行编码时，视频编码列表的 Status（状态）提供有关每个视频状态的信息。

致谢

现在，您的动态设计旅程已经全面开启。本书从了解 After Effects 中的工作区和工作流程开始。到最后一章时，又介绍了工作流程的三个主要阶段。在此过程中，介绍了为各类动态设计项目创建视觉效果和动画的方法。希望您通过本书的学习受到启发，继续探索动态设计中更多的未知领域！